美国陆军工程师团
工程师手册

EM1110 – 2 – 3506（1984）

灌浆技术指南

路　威　赵凌云　曹瑞琅　秦　景　张金接　编译

黄河水利出版社
·郑州·

内 容 提 要

　　本手册是美国陆军工程师团于1984年发布的土建工程灌浆施工技术准则和指南,内容包括灌浆设计和灌浆施工程序、灌浆材料和设备,探讨了采用灌浆技术可解决的问题,介绍了经实践证明有效的灌浆方法、浆液种类及其特性,适用于土建工程设计和施工中与灌浆有关的所有现场操作。

　　本手册主要为从事灌浆工程设计和施工的相关人员对了解美国的灌浆技术、基本理念和思路、具体要求提供一定的参考。

图书在版编目(CIP)数据

灌浆技术指南:美国陆军工程师团工程师手册:EM 1110-2-3506:1984/路威等编译.—郑州:黄河水利出版社,2019.8

ISBN 978-7-5509-2481-9

Ⅰ.①灌… Ⅱ.①路… Ⅲ.①土木工程-灌浆-施工技术-手册 Ⅳ.①TU755.6-62

中国版本图书馆 CIP 数据核字(2019)第 180687 号

组稿编辑:贾会珍　电话:0371-66028027　E-mail:110885539@qq.com

出　版　社:黄河水利出版社

地址:河南省郑州市顺河路黄委会综合楼 14 层　　邮政编码:450003

发行单位:黄河水利出版社

发行部电话:0371-66026940、66020550、66028024、66022620(传真)

E-mail:hhslcbs@126.com

承印单位:河南承创印务有限公司

开本:787 mm×1 092 mm　1/16

印张:7

字数:162 千字

版次:2019 年 8 月第 1 版　　　印次:2019 年 8 月第 1 次印刷

定价:48.00 元

前 言

灌浆技术是一项实用性强、应用广泛的工程技术,主要用于水利水电工程、建筑工程、隧道与地下工程、矿山开采工程、基坑与边坡工程中的防渗、加固和补救等。

灌浆技术最早在 1802 年由法国用木质冲击泵注入黏土和石灰浆液加固地层开始,至今已有 200 余年的发展历史。特别是 20 世纪 40 年代以后,随着各种水泥浆材和化学浆材的相继问世,灌浆技术的研究和应用进入了一个快速发展时期,应用规模和范围也越来越广,几乎涵盖了土建工程的所有领域。

我国在 20 世纪 50 年代初期才开始使用灌浆技术,经过几十年的发展,在灌浆理论和技术方面的研究和应用取得了显著成果,相继发布了一系列规范和行业标准,并在不断地更新和完善,用以指导工程设计和施工。

美国陆军工程师团于 1984 年发布的《灌浆技术指南》(Grouting Technology, EM 1110 – 2 – 3506),内容包括灌浆设计和灌浆施工程序、灌浆材料和设备,探讨了采用灌浆技术可解决的问题,介绍了经实践证明有效的灌浆方法、浆液种类及其特性,用于指导土建工程设计和施工中与灌浆有关的所有现场操作。

灌浆工艺在近几十年快速发展,新材料、新技术、新设备不断涌现。本手册是美国陆军工程师团 Grouting Technology(EM1110 – 2 – 3506)1984 版的中文译本。希望能给读者,特别是从事灌浆工程设计和施工的相关人员对了解美国的灌浆技术、基本理念和思路、具体要求提供一定的参考。

本手册在翻译过程中,以英文原版为基础,同时参考了许多资料,以尽可能地忠于原著,在此一并向原作者表示感谢。由于译者水平有限,译本中不当之处在所难免,敬请读者批评指正!

译 者
2019 年 3 月

目　录

第 1 章 导 言

1.1 目 的

本手册是土建工程灌浆施工技术准则和指南,内容包括灌浆设计和灌浆施工程序、灌浆材料和设备,同时探讨了采用灌浆技术可解决的问题,介绍了经实践证明有效的灌浆方法、浆液种类及其特性。该手册中所讨论的浆液主要为水泥浆液及其添加剂,也提到了其他类型的浆液。

1.2 适用性

本手册适用于土建工程设计和施工中与灌浆有关的所有现场操作。

1.3 参考文献

参考文献见附录 A(略)。

1.4 变 更

鼓励本手册用户提出所推荐的变更或改进意见。意见应指明建议变更处的页、段和行号。对每一条意见应指明变更理由,以便于理解和全面评价。修改意见采用 DA 2028 格式(修改意见出版格式),直接送交 HQUSACE (DAEN - ECE - G) WASH DC 20314。

1.5 概 述

灌浆在土建工程中的应用包括以下几个方面:
(1)永久工程施工处理措施。
(2)完建工程补救处理。
(3)施工临时措施或临时修补。
比如坝基帷幕灌浆、大型建筑物地基处理等属于永久工程施工处理措施。完建工程的补救处理包括混凝土建筑物孔隙回填、接触灌浆、坝基和坝肩的渗漏处理等。灌浆可以作为临时处理或者永久处理措施之一,宜与其他处理措施综合考虑。其他处理措施包括开挖、碾压、混凝土截渗墙、泥浆槽、防渗铺盖、排水垫层和反滤带、减压井、排水孔、板桩截渗墙、混凝土塞、灌浆排水隧洞或廊道、地基加固或结构基础等。临时灌浆的目的包括修补公路、围堰,施工期加固和控制地下水等。

1.6　术　语

(1)骨料碱活性反应:浆液中的硅酸盐水泥或其他成分中的碱(钠和钾)与有些骨料成分之间的化学反应,产生膨胀,在一定条件下会造成破坏。

(2)隔水层:一种相对不透水的岩土层,能缓慢吸水,但地下水运移速率慢,不能利用井或泉开采出所含的地下水,可视为含水层的上、下边界。

(3)含水层:地表以下可利用井开采出所含地下水的层或带。

(4)半透水层:延缓但不能阻断相邻含水层之间地下水渗透的隔水层,是一种阻水不严的隔水层。

(5)区域灌浆:采用网格状等钻孔布置模式,对指定区域的浅部地层进行灌浆,有时指铺盖灌浆或固结灌浆。

(6)膨润土:一种黏土,主要由蒙脱石类矿物组成,特点是吸水率高,遇水体积变化大。

(7)铺盖灌浆:如(5)所述。

(8)爆裂压力(灌浆设备):使设备失效的压力。

(9)水泥系数:单位体积浆液中的水泥用量,用重量或体积表示。

(10)胶凝系数:单位体积混凝土、浆液或灰浆中水泥等胶凝材料用量,用重量或体积表示。

(11)循环灌浆:一种连续灌浆方式,浆液由灌浆泵送到灌浆处理段底部,多余部分再循环回到灌浆泵的灌浆方式。

(12)渗透系数(水):如(30)中所述。

(13)胶状浆液:一种浆液,具人工催发的黏聚性,或者能使散开的固体颗粒呈悬浮状,既不会发生沉淀,也不会析水。

(14)固结灌浆:如(5)所述。

(15)假凝:一种新拌和浆液的快速变硬现象,没有明显的放热,不加水再次搅拌可使硬化消失,恢复塑性。这种现象也称为早凝。

(16)终凝:比初凝更坚固的浆液凝固程度,一般指水泥浆硬化至能抵抗维卡仪试针的沉入所需要的时间,用小时/分钟值来表达。

(17)急凝:一种新拌和浆液的快速变硬现象,一般伴有明显放热,不加水继续搅拌不解凝,不能恢复塑性,亦称为快凝或瞬凝。

(18)自由水:在重力作用下可自由穿过土体的水,也称为重力水、地下水或潜水。

(19)浆液:一种水泥类或非水泥类配合物,含或不含骨料,加入足够的水或其他液体后具一定的流动性。

(20)浆液灌注:在重力或压力作用下将浆液压入空隙中,一般通过下入导管或打钻孔来完成。

(21)吸浆量:注入浆液的体积。

(22)水化热:水泥与水发生化学反应产生的热量,如硅酸盐水泥凝固和硬化过程中产生的热量。

(23)水压致裂:泵入水的压力超过填筑土或地层的抗拉强度和最小主应力而使之产生破裂。

(24)静水头:某一指定点之上由液体高度产生的压力。

(25)初凝:浆液的硬化程度,一般指水泥浆硬化至能抵抗维卡仪试针的沉入所需要的时间,用小时/分钟值来表达。

(26)纯水泥浆:一种水泥和水拌和而成、具流动性的混合物或其硬化等价物,也叫作水泥净浆。

(27)栓塞:具膨胀性的机械或充气设备,用于密封一个钻孔或将钻孔的某一段隔离。

(28)上层滞水:与下伏地下水不连通,存在于包气带中的地下水。

(29)上层滞水面:位于局部隔水层以上的水面,隔水层以下为透水不饱和岩土层。

(30)渗透性(室内)(水的渗透系数):在单位水力梯度和标准温度条件(一般为20℃)下,以层流状态通过多孔介质单位断面面积的流速。

(31)孔隙压力:孔隙水(水充填孔隙)所传递的应力,也称为中性应力和孔隙水压力。

(32)压水试验:测量水在一定压力作用下压入钻孔中的速率的试验。

(33)压力冲洗:一种在钻孔之间将裂隙等结构面中的松散泥质物冲洗掉的过程,实际冲洗操作是将水或气水交替压入到一个孔中,使其从相邻的缝隙或孔中排出。

(34)一序孔:作为第一序列进行钻进和灌浆的孔,一般按最大允许孔距布置。

(35)原生渗透性:完整岩石的渗透性,而不是岩石破裂后具有的渗透性。

(36)原生孔隙:在沉积作用最终阶段形成或沉积时存在于沉积物颗粒之间的孔隙。

(37)拒浆:在最大允许压力或其他指定条件下,基本不吸浆的灌浆过程点。

(38)二序孔:作为第二序列进行钻进和灌浆的钻孔,即内插在一序孔中间的钻孔。

(39)分区:在平面上对灌浆处理区进行分段或分片。

(40)渗漏:渗出水的岩土体范围。

(41)分组灌浆:与分段灌浆相比,完成一段灌浆后,无须清出孔内浆液再往下钻,是布置一个新的钻孔进行下一个深度的灌浆,其他与分段灌浆类似。

(42)加密:在先期灌浆孔的中分点上内插一个灌浆孔的做法。

(43)试段:是在一个带内进行钻进、清洗、压力冲洗、压水试验、压力灌浆和清出浆液这样一个完整操作循环。所有孔中,试段的深度取决于钻进中遇到的条件,到该深度时,停止钻进,并开始灌浆。

(44)分段灌浆:自上而下分段灌浆,孔中先期灌入的浆液在其硬化之前清出,钻至下一个深度,开始另一段灌浆。

(45)封闭灌浆:钻至设计深度,从孔底开始自下而上灌浆,上部用栓塞将灌浆段隔开。

(46)硫酸盐侵蚀:土或地下水中的硫酸盐与浆液之间的有害反应。

(47)三序孔:作为第三序列进行钻进和灌浆的钻孔,孔位布置在先期的一序孔和二序孔中间。

（48）触变性：一种材料的性质，可在短时间内硬化成形，机械搅拌又可使之恢复初期的黏性，这个过程是可逆的。

（49）凝固时间：

①终凝时间：新拌和的浆液至达到最终凝固（硬化）所需要的时间；

②初凝时间：新拌和的浆液至达到初步凝固所需要的时间。

（50）容重：新拌和浆液单位体积的重量，一般用 lb/ft³ 表示。

（51）黏度：液体颗粒间相互黏着形成的内部摩擦，即混合物的"稠度"。

（52）孔隙比：土中孔隙体积与固体颗粒体积之比。

（53）冲洗：钻孔的物理清洗方式，在开口的钻孔内通过钻具或导管，压入水、空气和水、酸洗液或水和水溶性化学物质等冲洗液，循环流动进行洗孔。

（54）水灰比（仅水泥）：浆液中水的数量与水泥的数量之比，用重量或体积来表示。

（55）水灰比（水泥基材料）：浆液中水的数量与全部胶凝类物质的数量之比，用重量或体积来表示。

（56）水位：饱水带的上限，不包括不透水体的上部界面。

（57）使用压力：灌浆时调整到最适合灌浆段地质条件的压力，影响因素有浆液充填孔隙的大小、灌浆段的深度、灌浆区的岩性、浆液黏度和地层抵抗破裂及抬动的能力。

（58）分带：对灌浆处理深度的划分，整个灌浆设计深度可以分成一个带，也可以分成几个带。

第 2 章　灌浆的目的及影响因素

2.1　灌浆的目的

压力灌浆是指将液体或悬浮液压入土体、岩石的孔隙或岩土体与已有建筑物之间的空隙中,被灌入的浆液必须在所处理的孔隙内完全形成胶体或固体,或是灌浆能使得孔隙中的悬浮固体沉淀。岩土体灌浆的主要目的是提高岩土体的强度和承载能力,减小岩土体的渗透性。本手册是用来指导如何采用压力灌浆来改善岩土体条件,内容包括灌浆设计和灌浆施工程序、材料和设备,采用灌浆技术可解决的问题,经实践证明有效的灌浆方法、浆液种类及其特性。

2.1.1　减小渗透性

与减小渗透性有关的灌浆包括:

(1)配合其他措施,减小作用于挡水建筑物基础和隧洞衬砌上的静水压力。

(2)减小水库渗漏量。

(3)配合其他措施,抑制基础和填筑材料内部的侵蚀。

(4)加固、固结和(或)控制地下水,满足开挖需要。

为了结构上的安全而采用的灌浆处理(减小静水压力和抑制侵蚀)不是唯一的处理措施,而是多种保护措施的组成部分,如灌浆结合排水、反滤等。

2.1.2　提高力学性能

用于提高力学性能的灌浆包括:

(1)提高地基承载力。

(2)覆盖层或破碎岩体的固结灌浆,满足开挖需要。

2.1.3　空隙充填

有时需要用灌浆来充填地表和地下的空隙。

2.1.4　加固和抬升

灌浆可用于提高地基的稳定性,抬升和加固基础、底板和路面。

2.2　影响因素

灌浆效果的主要影响因素包括以下两个方面:

（1）内在（物理）影响因素，指灌浆材料的物理特性和浆液要接触物质的物理化学性质。

（2）外在影响因素，指灌浆操作和灌浆方法的影响，分别叙述如下。

2.2.1　内在（物理）影响因素

影响水泥灌浆效果的物理因素有：

（1）被灌孔隙的最大、最小尺寸和几何形态。

（2）浆液混合物中水泥、膨润土和其他固体成分的颗粒大小。

（3）地下水或地基中含有对结石强度、凝固时间、体积或耐久性方面有不利影响的矿物。

（4）混合物中灌浆材料可能的不相容或排斥性。

（5）地基中的黏土等易蚀物质不能完全冲洗干净。

（6）浆液中悬浮水泥颗粒发生沉淀。

（7）存在对灌浆不利的、不明确的地质条件。

2.2.2　外在影响因素

与野外操作和灌浆方法有关的影响灌浆效果的因素有：

（1）压力过高造成地基的破坏和抬动。

（2）采用不合适的钻进和灌浆设备。

（3）过早灌入浓浆或采用不适宜的灌入方法造成基础孔隙非正常堵塞。

（4）灌浆孔的孔斜或孔距布置不当。

（5）缺乏有经验的地质人员和值班员来检查监督钻进、灌浆施工。

2.3　处理方法的选择

灌浆是用以减小地层渗透性、提高地基强度和稳定性的处理方法之一，也可用其他处理措施来配合或代替灌浆。如前所述，为保证结构的安全，可能需要采用多种防护措施，根据各方面因素来综合考虑，包括工程要求、地质条件和经济性等，决定是否选择灌浆作为处理方法。

第 3 章 勘察设计中的地质要素

3.1 岩石类型

不同类型的岩石,在成因、岩性和结构方面具有不同的性质,影响工程场地的灌浆条件。因此,在地基处理设计时,对场地岩石类型、地质历史应有充分的了解,钻探和灌浆方案必须适合场地地质条件。具有大体相同裂隙渗透性和孔隙特征的岩体可大致归为同一类。以下列出了较常见的一些岩石类型,并给出了影响地基处理的一般特征。

3.1.1 结晶岩

结晶岩是一个不很明确的术语,指具有火成或变质的成因和结构的岩类,常相对沉积岩而言。

(1)侵入火成岩包括花岗岩、正长岩、闪长岩和辉长岩,这类岩石中常见的一些特征是片状节理、剪切带、岩墙(脉)和岩床。

(2)发育三组节理是侵入岩的特征,通常一组近水平(片状或层节理),另两组近垂直且基本上相互正交,近地表处片状节理常常密集发育,但随深度增加节理间距增大。

(3)浆液沿节理和破裂面渗入,吸浆量的大小取决于破裂面的张开度和连续性。有些变质岩,如片麻岩,吸浆量可能与花岗岩相类似。而片岩和板岩的吸浆量取决于伴生节理或细小裂隙的发育程度和特征。大部分石英岩强烈破碎,容易灌入浆液。大理石也是一种结晶岩,但由于可能存在溶洞,因此需要按喀斯特地貌对待。

3.1.2 火山岩

火山岩一般指喷出火成岩。霏细岩是一种致密的细粒喷出岩,近地表处相当于花岗岩、正长岩等结晶岩,除具有类似花岗岩中的节理外,还可见到柱状构造。玄武岩也是一种黑色致密的火成喷出岩,发育扁平状或柱状节理,许多玄武岩岩流中呈现三面至六面的柱状构造,浮石和火山渣常与玄武岩伴生。火山碎屑岩,如集块岩和凝灰岩,由火山爆发形成,由火山喷发作用产生的碎块和风载火山灰沉积而成,在火山碎屑岩中修建大型工程通常会有困难。火山岩地区在确定工程特征之前要进行大范围的研究,一般要做专门处理。熔岩流中的柱状节理往往会降低岩石的整体强度,常需要大范围的灌浆。一般来说,熔岩流内节理广泛发育,并见有气孔构造,导致其渗透性很强,能透过大量的水,但有的熔岩,节理紧闭或被充填,岩体的透水性很弱。为了确定灌浆的必要性和效果,需要按照实际情况进行评价。

3.1.3　可溶岩

灰岩、白云岩、石膏、硬石膏和岩盐等属于可溶岩。这类岩石的主要缺点是具有不同程度的可溶性,最终导致岩体具有强渗透性,出现滑动、塌陷或下沉,形成喀斯特地貌。

(1)灰岩和白云岩是分布最广泛的可溶性沉积岩。这类岩石的透水性无规律,同一单元的透水性有可能变化很大。灰岩和白云岩中节理较常见,一般可分为两组或三组明显不同的节理组。溶蚀现象常沿层面、节理面和与其他岩石的接触带发育。节理和溶洞有可能是充填的,也有可能是张开的,尺寸变化也有可能很大。一般需要大范围的处理和灌浆,这取决于节理和溶洞的发育程度。

(2)硬石膏是一种纯硫酸钙,石膏是其水化式。两者均遇水软化,比较容易溶解,局部有节理,具有不同数量和大小的溶蚀孔洞,孔洞中常充填有黏土或其他次生物质,吸浆量取决于节理和孔洞的发育程度和特征。

(3)岩盐(石盐)遇水软化溶解,易溶的岩盐在岩石露头上见不到,在地下一定深度才能见到。当拟建工程区或附近存在岩盐时,对工程产生的影响和造成的不良后果主要是溶解、下陷及影响地下水。

(4)在已溶蚀的灰岩和白云岩中灌浆一般可取得不同程度的成功。灌浆经常可明显减少最初的渗漏量,但在灌浆完成后,随着时间的推移常常出现渗漏量增加的趋势,增加的原因是:孔洞充填物在灌浆前没有完全清除,灌浆后遭到溶蚀,这种未固结物质的溶蚀或管涌在灌浆帷幕中形成了渗漏"天窗",并随着时间的推移进一步加剧。

3.1.4　碎屑沉积岩

砾岩、砂岩、粉砂岩和页岩等是碎屑沉积岩的主要类型。砂岩、粉砂岩和砾岩的物理特性取决于胶结物的类型和程度。较粗粒的碎屑沉积岩可能是紧密、不透水的,也可能是多孔、具一定的渗透性而需要处理的,本身不透水岩体中的节理发育情况是决定是否需要进行处理的主要因素。较细粒的碎屑岩,如黏土岩和页岩,由黏土矿物、各种氧化物、二氧化硅、细粒常见矿物和少量胶质和有机质组成,一般含有大量的水。页岩分为胶结页岩和压密页岩两种,压密页岩一般不含具有可灌性的节理,相对而言,胶结页岩不易变形,具有更好的工程特性。胶结至轻微变质的页岩在构造作用中呈脆性和易碎性,节理发育情况与砂岩类似。

3.1.5　未成岩物质

未固结成岩的物质主要包括母岩风化而成的残留覆盖层。残积土针对搬运沉积物而言是在原地沉积,这类沉积物的性质在一定程度上反映了原岩的性质。源自母岩的细粒物质,如黏土和粉土一般是不透水的,不需要进行灌浆处理。但当下伏基岩为可溶性岩石时,孔洞裂隙或覆盖层塌落到溶蚀孔洞中的松散软弱物需要处理。搬运沉积物包括冰水沉积物、常见于河谷中的冲积物、阶地沉积物和大多数的冰川沉积物,若在工程设计时,认为不需要清除这类沉积物,则需要采用灌浆或其他处理措施来减少或控制渗漏量和提高稳定性。需要取土样进行室内试验,确定其渗透性、级配和密度。

3.2　地质构造

3.2.1　构造

"岩体构造"这个术语指的是岩石及其不连续面的空间关系,会影响工程项目的许多方面。褶皱和断层影响坝址的选择,甚至有些看似较小的问题,如节理的间距,也可能对扬压力的分布起重要的作用。

3.2.2　褶皱

褶皱是一种常见的变形,一般褶曲轴部的岩体相当破碎。工程地质问题的严重程度取决于褶曲的复杂程度及其与拟建建筑物的几何形态和类型的关系,包括开挖、稳定和渗漏等方面。

3.2.3　断层

断层是岩体破裂并沿断裂面产生相对滑移的现象,其位移可能从不足几厘米至数千米不等。

(1)几乎所有断层的破裂带都比较复杂,且不易观察清楚。岩体一般发生褶曲、破碎、挤压及碾磨,断层面上有时可见摩擦、光滑的沟纹称为擦痕;断层面另一侧的岩体有可能破碎成棱角状的碎片,被称为断层角砾。除这些力学效应外,断层还有可能成为渗水通道或由于其不透水而成为地下水屏障。

(2)对断层的判别了解很重要,因为断层是地壳中的软弱带,断层带的存在影响场地的工程性质,包括地裂活动性、开挖、隧洞支护、大坝稳定和渗漏问题。

3.2.4　节理

节理几乎普遍发育,因此从工程角度考虑,节理相当重要。节理为地下水的循环提供了通道,地下水位以下的节理将带来更多有关水的问题。另外,节理对风化和开挖有着重要的影响。

3.2.5　对灌浆的影响

许多类型的岩石本身渗透性弱,而沿节理、裂隙的渗透性较高,因此对构造缺陷进行灌浆的重要性是显著的。构造(如断层、褶皱、节理)类型在很大程度上决定了开挖和灌浆处理的范围和方法。破裂面的性状(如张开、风化程度、溶蚀情况)和发育间距影响灌浆处理方法的选择,如固结灌浆和帷幕灌浆;也影响单排或多排帷幕的选择和灌浆孔孔距的确定。这些构造的产状(倾向、走向)与建筑物的关系影响灌浆孔和排水孔的孔斜设计,破裂面的发育深度影响灌浆帷幕深度。灌浆孔应该穿过所有的破裂面,且每一条倾斜的或垂直的结构面应在不同深度处被几个孔穿过。有的断层充填有断层泥,不透水,可视为阻水屏障;有的断层是张开且含水的。节理有的被充填,有的张开;节理面可能已风化,也可能没有风化,或有可能在大范围内互相切割连通。节理的发育情况影响钻孔的钻进、清洗、压水试验和灌浆。由于构造因素对灌浆有明显的影响,为给设计提供真实的场地条件,必须进行足够的勘察工作。

3.3　水文地质

几乎所有的工程项目都会受到地下水的影响,对挡水建筑物而言,地下水的重要性尤其明显。在工程安全设计、施工和运行期都有必要全面了解区域和场地的水文地质条件。本节简要讨论一些基本机制,然后利用这些机制解决诸如地基处理、灌浆类问题。

3.3.1　孔隙率和渗透性

几乎所有岩石都具一定的孔隙,但岩石中的孔隙必须互相连通且大到一定程度才能透水。大多数砂岩孔隙发育,透水性好。页岩却不一样,孔隙率高但多呈毛细状,水透过页岩很缓慢。尽管完整页岩具有孔隙却不透水,水不能穿过岩块内部,但能沿节理等破裂面渗透。即使是在花岗岩或类似的大块状不透水岩体分布区,在一定深度范围内的破碎段中,也至少含有一定量的地下水,在这类地区查清节理的性状是十分重要的。

3.3.2　地下水

(1)地下水是饱和带中的水,其上限称为地下水位。地下水埋深不一,取决于场地条件。地下水有的是一层连续分布,有的分成几个相互独立的含水层,厚度变化较大。出现在区域地下水位以上的局部饱水带的水称为上层滞水。

(2)含水层特征的影响因素有当地地质条件、地层的透水性,包括溶蚀和破裂作用、带中水的运动和补给。具明显出水量的透水岩层称为含水层,含水层可能是无压的,也可能是承压的。当含水层的上限水位为自由水面(水面上的压力为大气压力)时,形成无压(潜水)含水层,任何部位的水头压力等于该处距潜水面的距离,可以用英尺或米来表示压力水头。承压水受静水压力,因而在井进入该水层时水位会上升,当静水压力足够大时水位会上升至地表以上,形成自流井,若水位仅升到地表与地下水位之间,则为非自流(承压)井。

(3)承压水也以类似的方式出现在节理发育的岩体中,岩体中可能发育几组张开度较大的节理,在这些节理中储存了大量处于承压状态的地下水。当钻孔穿过几百英尺节理不很发育且呈紧闭状的不透水岩层到达节理发育的透水带时,该深度的静水压力使孔内水位上升。节理的数量与张开度一般随深度增加而减少,因此通常在岩层上部穿过含水节理的概率最高。

3.3.3　泉

泉是水从地下通道流出地面的天然露头,许多小的泉是雨水或雪水在重力作用下从高处向下运动至某处出露,泉水的流速和渗流途径取决于水流所经过物质的结构和渗透性。一些泉水具有一定的上升压力,这说明这些泉水是承压的。泉在砂岩、孔洞发育的碳酸岩类、多孔的熔岩和节理强烈发育或破碎的岩体中最为常见,一些较大的泉沿喀斯特地区的边界发育。

3.3.4　水质

地下水的水质主要取决了蓄水岩石的矿物特性及其在水中的可溶程度。灰岩地区的地下水一般含碳酸盐较高,岩盐地区的地下水中潜在氯化物,而石膏和硬石膏地区的地下水中含大量硫酸盐。水中含有腐蚀酸或其他酸、可溶性硫酸盐、氯化物和类似的化学成分时,会与钢和铁起腐蚀性反应,并可能对灌浆和混凝土有害。有时亚铁在水中氧化成难看的褐铁矿斑点,铁还可能引起铁细菌的繁殖。亚铁一般源自含黄铁矿或白铁矿的岩石,这类矿物在许多页岩,特别是碳质页岩中较为常见,这类岩石中的水还可能含硫化氢。在采煤区,地表水和地下水的酸性均可能较高。

3.3.5　对灌浆的影响

(1)地下水条件对设计和施工具有重要影响,因此在勘察阶段必须研究区域和工程区的水文地质条件,评估潜在的问题。针对现状水文地质条件或施工后的情况进行灌浆设计,可采用不同的灌浆方法和程序,这取决于地层的透水性、地下水埋深和含水层的类型(承压或潜水),这些条件影响浆液类型的选择、灌浆程序、处理的范围和深度、孔距、单排或多排帷幕灌浆的必要性以及灌浆压力。

(2)含水层的条件也会直接影响设置排水措施的必要性和形式。拟建建筑物用料和灌浆材料的选取要考虑地下水的化学成分,水样要测定 pH 值和进行化学成分分析。施工区内的泉有可能需要采取灌浆等特殊处理。

3.4　勘察方法

3.4.1　背景

(1)勘察必须针对查明常态和非常态地质条件来布置,甚至是针对最小规模的不连续面,因为这些条件可能控制建筑物的设计。针对不连续面和特殊情况可能需要采用专门的钻探技术和设备来进行详细勘察。除灌浆设计需外,勘察还用于确定开挖的方式和范围、查明地下水条件、确定清基范围和处理措施。

(2)钻探方法和钻孔布置取决于拟建工程的类型和场地地质条件。分阶段勘察可能会重点突出某些地质因素,如地层和构造、地下水调查或地基分析等,也因此需要采用不同的勘察方法,包括地震波法和电法勘探、各种孔径的取芯孔、不取芯孔、注水试验、抽水试验、压水试验和钻孔照相等,每一个钻孔都要按尽可能多地获取有关资料来布置。

3.4.2　场地条件

灌浆、排水布置和方法主要是根据工程场地的地质条件和拟建建筑物的情况来设计,勘测工作必须全面且精确。若勘察表明存在某些不利的地质条件,则需要考虑采用开挖、灌浆等处理措施或考虑重新选址。不利地质条件包括存在可溶岩、有溶蚀活动的迹象、大多数节理张开、破碎或节理强烈发育岩体、片理化、张开的层面、断层或特殊的地下水条件。除3.4.3部分所述的在现场进行钻探外,当工程场地没有基岩露头时,应在其附近观测相同岩层露头,以更好地判断节理、断裂的发育间距、连续性和张开情况。

3.4.3　钻探

制订灌浆方案需要查明相关的地下条件。要确定岩石中钻探和灌浆的范围和评估相关费用,必须获得以下资料:总的地质构造和地层分布;节理的方向、产状与发育密度;节理张开度和充填物的类别;岩性界线;断层和破碎带的位置;好岩石的埋深及地下水位。要确定上述要素必须进行足够量的钻探,视需要采用取芯孔、电视摄像和物探等手段来查明地质条件。为尽可能多地获取陡倾节理和断层的资料,需大量布置斜孔,特别是在片理或卸荷节理常常发育的坝肩部位。为确定孔内吸水量、确定并隔离含水层或张开段,每一个孔都必须进行压水或抽水试验,试验工作可在钻进过程中进行,或在钻进完成后用双栓塞进行。若遇到承压含水层,必须对其隔离并进行试验。

3.5　灌浆试验

3.5.1　概述

在详细设计之前进行现场灌浆试验十分重要,可为最终确定灌浆设计方案、评估灌浆工作量提供最准确的资料。灌浆试验也有助于评价灌浆帷幕的效果和确定所灌岩层最适宜采用的钻探方法。

(1)若灌浆施工区所处的地质环境条件差别明显,一般建议对每个地段分别进行灌浆试验。

(2)灌浆试验有的简单,只是在少数钻孔中泵入不同配比的浆液,确定每一种配合物的注入量;有的很复杂,在灌前、灌后采用观测井和抽(压)水试验来评价灌浆效果。试验方法应根据试验目的、工程规模及地质条件来选择。由负责最终灌浆方案设计的地质学家对灌浆试验进行现场指导、监督,试验不应包括工程施工中将会被挖掉的岩石。

3.5.2　单排试验帷幕

(1)沿灌浆布置线钻一排孔进行最简单的灌浆试验。详细记录试验过程中的每一步操作。通常建议从稀浆开始灌,如采用6:1的水灰比,如果钻孔持续吸浆,则浆液将逐渐变浓。必须小心不要将过浓的浆液注入孔内,使孔内过早地停止吸浆,一旦出现这种情况,应立即稀释将要泵入的浆液。

(2)单孔灌浆并不是充足的灌浆试验,地质条件往往比一个孔所揭露的情况要复杂得多。灌浆试验孔的布置取决于设计者对地质条件的了解与判断,但通常采用等距插孔,即在已灌钻孔的中间进行布孔。

(3)单排灌浆试验主要用于获取地层吸浆量方面的资料,用来评估灌浆目的、一序孔孔距和加密孔孔距,亦可获取钻进和灌浆过程方面的设计资料。

3.5.3　圆周形灌浆

(1)圆周形灌浆是围绕一试验井进行的一种比较复杂的灌浆试验。这种试验除可获得 3.5.2 部分所述的所有资料外,还可通过在观测井中进行灌前、灌后的抽水试验来评价灌浆效果。

(2)试验区半径取决于岩体特性,在 25 ft 左右。圆周上灌浆孔的钻孔间距与最终灌浆帷幕的设计孔距相同,采用灌浆作业中常用的分序中点内插加密法来进行钻孔和灌浆。

(3)以试验井为圆心,沿试验井的半径方向至少要安装两排测压管。对大坝工程而言,一般将测压管线沿基本上平行于预计的水库水流方向布置,这最有利用价值。每排线上测压管的较好布置方式为:在圆形区域内布置 1 个、在灌浆帷幕线上布置 1 个、在圆形区域外的两侧各布置 1 个。

(4)在灌前、灌后进行抽(压)水试验,两者在渗透性上的差别就是灌浆效果的反映。试井和测压管在灌浆时有可能被堵塞,这时就有必要在灌浆之后、最终抽(压)水试验之前进行重新安装。

3.5.4　多排灌浆

在设计的灌浆帷幕上布置两排或多排灌浆孔,并在邻近位置布置试验井,有时这样的灌浆试验可取得较好的效果。试验井在灌前、灌后进行抽(压)水试验。在与帷幕垂直方向应安装一排测压管,观测灌浆前、后水位的下降。试井或测压管在灌浆时可能被堵塞,出现这种情况就必须安装新管来代替。在圆周形灌浆中可得到的大部分资料在多排灌浆试验中也可得到,同圆周形灌浆试验相比,多排灌浆试验的优点是灌浆孔数少、试验场地范围小。

3.5.5　观测井和测压管

试井和测压管可用于评价帷幕灌浆效果。

(1)试井深度应比灌浆孔略浅,若试井为取芯孔,则应对岩芯进行仔细编录,注意破碎带的位置。应进行双栓塞压水试验,以确定孔内渗漏段的位置。

(2)布置测压管和水位观测井,以确定下降漏斗的形态,通过抽(压)水试验计算出灌前、灌后岩层渗透性。通常测压管安装在直径较小的钻孔中,如 NW(直径 75.7 mm)。测压管的深度与试井相类似,比灌浆孔略浅,因为安装测压管的目的是确定灌浆帷幕对岩体渗透性的影响。测压管安装方式应满足绝大多数孔段能自由过水。常用测压管的安装方法为:先将套管下到坚硬岩石处、灌浆固定,然后钻至设计深度,使套管以下岩石段可自由过水,套管留下作为测压管。这种安装方法中,套管与岩石之间的密封很重要。这种测压管实际上就是一种小口径水位观测井。

(3)一种更灵敏的测压管安装包含一个长 2.5 ft 的小口径花管,与小口径提升管相连,花管位于孔底附近。孔内花管的下面、周边及上面填上砂子,在花管上部放上膨润土球来密封。这种安装比上述(2)中所述的开孔式安装具有两方面优点:①灌浆过程中由于浆液不易进入反滤砂层,不易堵塞反滤砂层;②孔内蓄水面积变小,也能更快地反映出围岩中水位的变化。

3.5.6　勘探孔

通常建议在灌浆帷幕中布置勘探孔来确定岩体裂隙和破裂面中的浆液侵入情况。为了对破裂面中的结石情况进行评价,有时需要采用大孔径取芯孔,可用化学酚酞($C_{20}H_{14}O_4$)来鉴定岩芯中的结石痕迹,同时勘探孔应进行压水试验。

3.5.7　成果评价

当试验灌浆段位于静水位以上时,不能采用下降式抽水试验来确定灌浆效果。这种情况评价方法主要有:结合所采用的浆液和压力情况,评价吸浆量与孔距的关系,灌前、灌后的注水试验结果对比,以及3.5.6部分所述的勘探取芯孔。也可采用地球物理方法,但不大可靠。在吸浆量与孔距关系评价中,将资料简化成"单位吸浆量"更为好用,如每英尺钻孔所注入浆液的量(ft^3)。

3.5.8　钻进工艺

灌浆试验可以为确定钻孔工艺提供重要设计资料,确定灌浆区最适宜的钻进方法,评价回转钻进和冲击钻进的适用性,试验并评价不同的灌浆孔孔径的影响。若在灌浆试验中能够确定这些参数,则可明确用于最终灌浆施工,也可降低昂贵的修改合同的可能性。

第 4 章　设计与施工

4.1　总　则

应根据建筑物的要求和地质背景,在早期工程设计阶段决定灌浆的必要性。灌浆最常用来降低对建筑物功能造成不利影响的渗漏,也可以对可能的不利条件进行全面的勘探。若地基的渗漏对建筑物没有危害,则灌浆帷幕可能不需要很深。当水量损失因素很重要时,如抽水蓄能工程的上库,需要从经济角度考虑灌浆,以减少水的损失。

4.1.1　地质条件

灌浆工艺要根据勘察过程中所获得的地质资料来设计,不应根据预定公式,而应依据目前所面对的地质条件和需要达到的灌浆目的而设计,从最初设计到施工阶段、评估阶段均需要考虑地质状况。

4.1.2　灌浆目标

灌浆施工程序与工艺的设计不仅受灌浆区地质条件影响,而且受灌浆目的和目标的影响。灌浆是作为永久处理,还是用于临时施工处理? 要达到最彻底的截断,还是可以接受比这个差一些的效果? 岩石最大注浆量可以不考虑扩散范围,还是要将灌浆效果限制在合理的范围内,或是限制在很狭窄的范围内? 这些问题的答案、时间和经费等制约因素是钻进和灌浆方案设计的基础。一种情况是对永久存储污染液体的蓄水池的处理,必须配备足够的时间和经费,尽可能地严密防渗,否则这种工程不可能成功;另一种情况是施工开挖中利用灌浆来降低入渗量,从而减少排水费用,不要求完全阻止水的入渗。当灌浆延误其他工作时,则受时间因素控制。对于费用因素,节省的排水费用为灌浆费用的上限,对于这种情况,可不必作永久处理,在给定时间和经费范围内,通过灌浆取得最有效的防渗效果即可。大部分灌浆的目标在上述两种情况之间,所有灌浆的目标都必须明确,这样才能使设计者、地质人员、项目工程师和监理人员理解并有助于形成统一认识。

4.2　灌浆设计

(1)在确定灌浆的必要性和目的之后,可开始灌浆方案设计,设计内容包括:

①研究勘察成果,确定地基灌浆安全有效的范围、方法和参数,提出最优钻孔方向、孔深和孔距;

②确定在工程施工的哪个阶段进行灌浆;

③编制适合灌浆场地条件和灌浆操作的设计图纸和技术要求;

④估算钻探工作量和灌浆所需材料用量。

（2）没有预料到的地质条件可能会造成在灌浆实施过程中必须对灌浆方案进行修改，因此灌浆设计中要有一定的灵活性，在灌浆施工的安排中要有预留工作量。

（3）灌浆通常在施工工期的关键线路上，同时受特定气候的制约。为了按期施工，往往容易出现修改或减少灌浆工作的情况。一旦确定灌浆是设计所需的部分，则任何时候都不得将灌浆作为次要的因素考虑或因进度限制而减少灌浆工作。

4.3　质量管理

灌浆施工所形成的最终产品的质量很难确定，因此几乎所有涉及灌浆的施工合同都有非常详细的施工程序。制定详细的施工程序和最终灌后质量难以检查的特点使得灌浆质量管理工作变得非常重要。

4.3.1　人员素质

土建工程施工企业职工要求见 ER415-2-100。灌浆操作人员必须是有资格的人员，关键人员要具有灌浆经验。人员要包括一名工程地质人员或岩土工程师和一名或多名有资格进行日常灌浆监理工作的技师。地质人员或工程师要求曾从事过灌浆和基础设计工作，是否需要其他的技术专家取决于工程的复杂程度，专家应是为工程直接安排或从其他组织长期雇用和经常性临时指派。大型的工程，在灌浆早期阶段可安排没有经验的人员来观察有经验职工如何进行操作和决策，这样可以训练出合格的队伍，以便于后期工作全面展开时达到最大效益。但某些灌浆操作可能没有大的组织参与，缺乏有具体工作经验并能及时提出建议和商讨的人员，这种情况下只能安排有经验的施工人员承担该工作。

4.3.2　灌浆记录

大多数承包合同要求承包商每天做好所有项目的记录，以便确定进度和付款结算。这些项目的所有实物工作量应该按日志和承包商与政府达成的协议来核算。承包商和政府的代表之间在项目付款上产生的争议应尽快得到调解。承包方保存所有灌浆施工记录，包括但不限于灌浆孔柱状图、洗孔和压水试验成果、灌浆过程中有变化处的时间、压力、吸浆量、不同水灰比的水泥用量及其他认为重要的资料。这些资料有助于对灌浆各步骤进行评价。为了便于对灌浆过程进行控制和检查，要求每天绘制形象的灌浆图表。有关灌浆记录和报告的进一步讨论详见第 15 章。

4.4　灌浆孔的钻进

4.4.1　位置

灌浆孔的位置取决于建筑物的类别、地质条件和灌浆目的。

4.4.2 孔径

灌浆孔孔径取决于被灌岩体的类别与条件、孔深和钻孔斜度。一般指定灌浆孔的孔径为可接受的最小孔径,承包商也可以选择大一些的孔径。一般最小孔径为 38 ~ 76 mm (1.5 ~ 3 in),由于孔径越小,费用也越低,除冲击钻进外,一般会采用口径小一些的钻孔。

4.4.3 最小孔径的选择

对裂隙发育间距大且基本无充填的坚硬岩体进行灌浆,可以采用 EW(38 mm)的钻孔。而质量较差的岩体,需要采用大一些的钻孔。需要考虑的岩层条件,包括以下几个方面:

(1)坍塌趋势。

(2)是否发育有含泥屑类充填物的破裂面。

(3)是否发育有张开的节理或裂隙,在钻进过程中易被岩粉堵塞。

采用大一些口径的钻孔可下入冲洗管或导管,并在管道与孔壁之间留有足够的空间以进行岩粉、浆液的清除、冲洗或回填。小孔径钻孔钻进时易移位,钻杆易变形,可能会导致孔斜偏差过大,采用大一些的孔径可使钻孔更直。其他影响最小孔径的因素包括孔深、准备采用的浆液和灌浆方法。

4.4.4 孔距

灌浆孔的孔距及布置模式要根据地质条件、预期结果和灌浆目来确定。地基性状影响孔距的选择,此外帷幕灌浆的孔距还受静水压力大小的影响。一序孔的孔距要大一些,使大部分灌浆孔不会互相串浆。实际操作中一序孔孔距一般为 10 ~ 40 ft,帷幕灌浆最终孔距一般为 2.5 ~ 10 ft。除一序孔孔距和最大允许孔距外,灌浆孔设计孔距往往不完全合适,最终的孔距应根据灌浆过程中取得的成果来确定。例如在帷幕灌浆过程中,当孔距达到预计的最小间隔时,若吸浆量仍较大,则需要继续减小孔距直到该段或该区域的灌浆已经满足要求。有的工程中,帷幕灌浆的中心孔孔距甚至在 1 ft 左右。

4.4.5 孔深

灌浆孔钻进深度取决于基岩条件,对于帷幕灌浆,还受基岩所要承受的静水压力控制。帷幕灌浆孔的深度应满足尽可能降低渗漏量、减小抬动和大范围排水的需要。在条件允许的情况下,灌浆孔应终止于完整的、相对不透水的岩体中,且灌浆孔深度不能简单地根据先例来确定。

4.4.6 方向

混凝土坝的帷幕灌浆孔一般倾向上游,从廊道中进行钻进和灌浆施工。斜孔增加了钻孔穿过垂直和陡倾角破裂面、节理的概率。钻孔倾向上游方向可使灌浆帷幕和排水孔幕充分分开。灌浆孔的方向要根据被灌地层的完整性、灌浆目的和灌浆所处的环境来确定,其方向(倾向、倾角)应尽可能多地穿过岩体中主要的不连续面。需要的话,在坝肩部位可联合采用斜孔和水平孔。

4.4.7 钻进类型

灌浆方案中选择钻进类型时要考虑在地质勘察中所获得的钻探经验,灌浆孔可以选择不同类型的钻进方法,每一种都有其优缺点。

4.4.7.1 回转钻进

回转钻进可能是在灌浆中最常用的一种钻进方法。通常用清水来冲洗岩屑,常用金刚石钻头,有时用取芯钻头或潜孔钻头,在软岩中钻进可以用十字镐。在有些情况下,必须防止岩粉进入破裂面中,可能需要采用反循环回转钻进,这种技术比常用的回转钻进耗时更多,费用更高,仅在指明要确保浆液充填情况下使用。回转钻进法的优点有两个,一是在钻进过程中可通过观察回水情况判断出漏水段,这样可以停止钻探,对破碎段前进行灌浆或将破碎段堵住;二是不需要将钻具从钻孔中取出即可将钻孔冲洗干净。其缺点是费用比冲击钻进高,钻进冲洗液易将岩粉压入破裂面。

4.4.7.2 冲击钻进

冲击钻进可分为几种不同的方法。一种是使用爆破成孔,用水和空气来排出岩屑;另一种是使用潜孔锤成孔,以空气为媒介排出岩粉。这两种钻进方法已经成功地用于灌浆孔成孔。在黏土质或粉质地层中钻孔时,因土层易在孔内形成团块而阻挡空气进入,可用高压、低容量泵将少量水射入空气做介质,用此方法一般可大大提高这类地层的钻进性能,在有些情况下可用发泡剂加水的方法来排出黏土类岩粉。一般来说,冲击钻进的优点是比回转钻进省钱、钻进速度快,在用空气而不是用水来排出岩粉的情况下,岩粉更不易进入到岩石破裂面深处。其缺点:一是在软岩中钻进时易在孔壁黏结岩粉,成孔后必须对孔壁进行彻底的冲洗,且有时候软岩破裂面中充填的钻进岩粉无法冲洗掉;二是在仅使用空气做冲洗介质时,循环介质损失一般不易发现,这样当遇到破碎带时,无法从回水情况来判别是否需要停止钻进,并对破碎带进行灌浆;三是一旦发生堵塞,被堵塞孔段要承受压缩气体的全部压力,当空气沿缓倾角破裂面进入到岩体中时,这种压力可能使地基抬动,若是对完工的堤坝进行灌浆这种现象更严重,孔内堵塞将使填土承受全部的空气压力,可能破坏填土。目前,工程师团已禁止在堤防及其地基土中使用空气钻进(ER1110 - 2 - 1807)。

4.5 灌浆分类

4.5.1 概述

土建施工中所采用的灌浆类型主要可分为:

(1)帷幕灌浆。

(2)区域灌浆(也叫作固结灌浆、加固灌浆或铺盖灌浆)。

(3)隧洞灌浆。

(4)孔洞充填。

(5)钻孔回填。

(6)接触灌浆。

(7)特殊应用等。

灌浆处理是许多大坝和建筑物地基的重要设计措施。灌浆在地基缺陷修补或建筑物损伤修补方面也取得了许多成效。

4.5.2 帷幕灌浆

(1)帷幕灌浆用于切断坝或其他建筑物下面的渗漏,或用于将其减小到可经济地用排水设备来控制。其控制方式通常是在平行坝轴线或垂直于水流方向布置一排或多排灌浆孔,通过浆液充填孔隙或水流动通道,在地基中形成一道阻碍水流动的屏障。理论上这道屏障应是具中等宽度的帷幕,但事实上所形成的屏障在某些部位比需要的宽,而在其他部位可能不足。

(2)帷幕灌浆孔的布置可采用单排形式,也可以采用多排形式。对混凝土坝而言,当岩体条件较好时,单排灌浆通常可取得满意效果,这种情况一般将灌浆孔布置在坝上游尽可能远处,准确的位置取决于建筑物的类型和坝基地质条件。坝基岩体较差时灌浆帷幕可采用布置多排灌浆孔的形式(见图 7-1 和图 7-2),且相邻排上的钻孔要交错布置。由三排孔构成的帷幕需要按照以下顺序进行:先是上游排或下游排,然后是其他,最后是中间排。排间距根据现场状况确定,但一般不超过 5 ft。对于土石坝而言,在防渗心墙以下的上部段要按多排孔考虑。若存在易溶岩,或节理、裂隙较细、密集发育且无规律,需要采用多排帷幕并伸入足够的深度。边缘灌浆或高地灌浆通常采用单排帷幕,但技术要求中必须预留足够的工作量,以备在现场施工时,对认为有必要灌浆的任何位置或深度增加灌浆孔排数。

(3)帷幕灌浆孔可以是直孔、斜孔、水平孔或其组合,如 4.4 节所讨论。土石坝下的灌浆帷幕一般布置于防渗心墙中心线附近的截水槽中。在布置上游灌浆位置时必须考虑将来灌浆的可能性、高水位进场受阻的频率和不透水段下游心墙下扬压力的增加。坝肩部位布置一部分斜孔比较好,有时水平灌浆孔对一定范围内分布的高倾角破裂面非常有效。灌浆孔的深度取决于基础将要承受的静水压力和地基的地质条件,如不透水层的埋深。灌浆帷幕要深入使渗漏途径足够长以取得足够的渗透阻力,防止在坝踵附近出现渗透破坏,或在坝下游段出现过高的扬压力。灌浆孔的最终深度不能根据先例来确定,而是尽可能地终止于相对完好和不透水岩体中。初步设计中常用的经验是灌浆孔深度取大坝水头的 2/3。地基岩体的渗透性一般随深度增加而减弱。灌浆从基础面开始,对堤坝来说,上部段的灌浆压力要采用低压或接近自重压力。在堤防中进行修补或延期灌浆时必须特别小心,避免填土裂开或造成冲蚀。对几英尺厚的填土进行灌浆有时会要求保护敏感性土层,或在冬季时要求将基础和靠近表部的新灌入部分隔开,好的做法是移开填土,在灌浆之后进行最终基础面准备工作。为了限制冻结或防止暴露破坏,对具有敏感性的地基土进行灌浆时,有时要在基础面上预留 2 ft 或 3 ft 厚的保护层。

(4)廊道内的灌浆一般在建筑物接近完工时进行,这样可以利用附加荷载来提高灌浆压力,且在灌浆未完成之前不能钻排水孔。

4.5.3　区域灌浆

（1）区域灌浆是将钻孔按网格状等模式布置，对指定区域内的浅部地层进行灌浆，灌浆的目的是：

①提高岩体的承载力；

②防止在风化岩体、局部不完整岩体、强烈破碎岩体或帷幕灌浆不是很有效的水平层状岩层中出现潜流。

以①为目的的灌浆通常叫作固结灌浆；以②为目的的灌浆可归为多排帷幕灌浆。较深的区域灌浆有时用于处理特殊的地质条件，如对断层带或竖井等深部建筑物下面的地基进行固结灌浆。靠近地表区域的灌浆压力通常采用低压或上部自重压力，但对较深部位进行灌浆时可安全地采用较高的压力。

（2）用于提高地基承载力的区域灌浆有时可作为加固处理措施，当岩体夹有软弱层但在其他方面却较好时，可以此来减少岩石开挖量和混凝土回填量。不过当地基岩石中的裂隙有黏土充填时，区域灌浆的效果存在问题，要使灌浆有效，必须在浆液进入裂缝之前将黏土冲洗掉。由于裂隙的发育模式和充填物特性的不规律性，实际上不可能知道有多少黏土被冲走，因此也不清楚灌浆效果究竟如何。对于破碎或裂隙发育的岩体，开挖处理可能比灌浆处理更省时间和费用。

（3）对层状岩体或裂隙发育岩体灌浆处理有可能通过节理、裂隙向地基外围渗漏而导致大量浆液的浪费，在灌浆区外围布置一排孔进行低压灌浆能防止这种浪费，有时会节省很多费用。

4.5.4　隧洞灌浆

（1）隧洞灌浆处理可用于隧洞衬砌回填、围岩加固、渗漏控制、接触灌浆和环状灌浆，在隧洞开挖之前可能需要进行固结和防渗灌浆。隧道开挖后的灌浆，可在衬砌上设置预埋管或预留孔。现浇混凝土衬砌后的加压回填灌浆需要在衬砌完成 7 d 后才能进行，但对于预制混凝土衬砌或钢环衬砌，在衬砌完成之后要尽快进行灌浆。隧洞衬砌后的灌浆通常用砂浆，自仰拱开始灌浆，逐渐向顶端推进。最后一步是用纯水泥浆进行拱顶接触灌浆，需要在衬砌背后回填灌浆已经完成且浆液已经凝固收缩之后进行。

（2）环状帷幕灌浆是一种与坝下帷幕灌浆相似的处理方法，形成一道结石屏障来减少库水沿隧洞渗漏的可能性，一般用分段灌浆法可取得最佳效果。

（3）环状灌浆的必要性、灌浆环的数量、环内孔的深度和孔距均取决于隧洞围岩的条件、类型和静水压力。环的位置一般位于坝下帷幕灌浆的延长线上。当灌浆环上的岩石透水性不强，且灌浆环位于控制建筑物下游不远处时，灌浆环所起的作用将更为有效。

（4）围绕隧洞等距布置 4 个或 4 个以上灌浆孔形成灌浆环，吸浆量显著时要求内插加密。采用多环灌浆处理要求相邻环上的钻孔在半径方向上错开。当变形缝没有采取止水或防止浆液渗漏的措施时，顺伸缩缝渗漏的浆液难以控制，灌浆环要尽可能地远离衬砌上的伸缩缝。

（5）固结灌浆或防渗灌浆钻孔的深度一般要伸入隧洞掘进造成的破裂范围之外，并尽可能穿过裂隙发育、溶蚀张开及类似的不完整岩体。

4.5.5　孔洞充填

（1）孔洞回填灌浆属于最不标准的灌浆类型之一。对充填黏土的孔洞进行灌浆处理，其效果令人质疑，但水泥浆可成功灌入到由空气、水充填的孔洞或大的、张开的节理中。仅是一个灌浆孔不易确定一个孔洞的分布范围，在灌浆前有可能需要进行进一步的勘探或布孔以查明孔洞分布。一般用混凝土导管注入浓浆或采用掺加骨料或其他特殊配料的浆液进行灌浆。

（2）若钻进过程中遇到孔洞，要进行灌浆，一般用砂浆来完成孔洞的灌浆，有时需要采用间歇灌浆。

（3）间歇灌浆过程是往孔内注入一定量的浆液，待凝几个小时后，再灌入更多浆液，可能需要几个待凝时段。在每一阶段灌入最后一批浓浆后必须紧跟着泵入水。待凝时段过后重新开始灌浆时要先用纯水泥浆，然后变为砂浆，每一阶段的注浆量一般事先规定，通过一个钻孔向一个洞内注入灰浆的总量也在考虑其他工序之前确定。

（4）当灌到不吸浆时，则认为至少灌浆孔所穿过的那部分孔洞已充填浆液。然后钻其他灌浆孔继续灌浆，直至达到预期的结果。

（5）若灌浆过程中压力不上升或孔洞太大而无法继续灌浆，则要对孔洞以外部分继续灌浆。在不耽搁承包商工作的前提下进行补充勘察、磋商、评估和设计补救措施。有可能需要采取特殊灌浆工艺或材料，比如起泡剂、主动截水膜或模板混凝土墙、补充开挖或其他解决方案。一般采用混凝土漏斗管或重力灌浆对孔洞或大孔隙进行灌浆。

4.5.6　钻孔回填

（1）钻孔和灌浆孔的回填是灌浆程序的一个重要组成部分，在库水位作用下这些孔的反应与减压井类似，若不对之进行适宜的灌浆，可能会造成渗漏或管涌。岩基中钻孔的回填灌浆采用的水灰比为 $1.0 \sim 0.7$，掺入约 4% 的膨润土。用尾端带有钢管、最小直径为 1 in 的导管在管内充满浆液后下入到孔底，然后泵入浆液直到孔口返浆，继续泵入浆液同时缓慢提升导管。若出现浆液沉淀，则需要在封顶完成或填方之前重新进行回填。

（2）堤坝等填筑工程钻孔的回填也可以用混凝土漏斗管导入法，但要求回填所用的拌和物具有更高的塑性。

4.5.7　接触灌浆

接触灌浆是将纯水泥浆注入到混凝土建筑物与相邻面的接触带中。接触灌浆通过施工期预埋导管或钻孔来完成充填混凝土收缩造成的脱空区。灌浆前要对埋管或灌浆孔进行充分冲洗，灌浆压力可以变化，但要求采用最高安全压力。接触灌浆是一道密封工艺，目的是使任何混凝土或钢结构建筑物与相邻岩石完全结合在一起。混凝土凝固时发生的收缩或结构安装时的偏差均可能在接触部位形成渗漏通道，若认为这种情况可能发生，建议进行接触灌浆。这种处理措施在混凝土大坝的坝肩部位和基岩隧洞衬砌的拱顶最常用，一般在主要建筑物竣工后再进行灌浆处理。图 4-1 为接触灌浆的典型埋管方式。

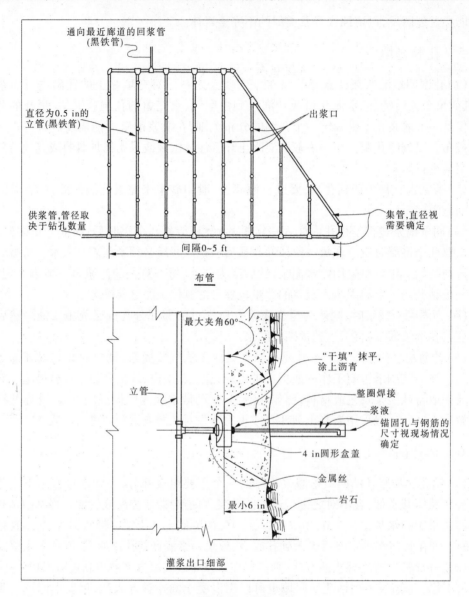

图 4-1　接触灌浆的典型埋管方式

4.5.8　土体灌浆

上述 4.5.1～4.5.7 部分中描述的灌浆处理最初是为岩石灌浆设计,有的适用于土体,有的不适用于土体。土体灌浆一般用于减小或阻止水的流动或提高土体承载力、减小沉降量、提高土体抗水(或雨水)侵蚀的能力。所说的土体是一个广泛的含义,包括所有未固结粒状物质,随着颗粒的增大从黏土到细、中、粗粉土,细、中、粗砂,直至细砾,粗粒土(中砂到细砾)可灌性界线的确定方法如 5.2.5 部分所述;细颗粒物质,也就是从黏土到粗粉土的处理详见 EM1110-2-3504。土体灌浆方法概述如下。

4.5.8.1　套管法

采用跟管钻进、冲洗或压入至灌浆处理深度,然后一边注入浆液,一边提出套管。采用这种方法灌浆时,沿套管与土体接触面有可能会出现冒浆现象。这种方法常用于浅层化学灌浆。

4.5.8.2　套壳料法

这种灌浆方法是在灌浆管的平缝里灌入一种专用的脆性浆液,来防止浆液向管外渗漏。灌浆管向上提一小段距离,将脆性浆液形成的护套留在灌浆管下面,泵入浆液,灌浆管下脆性浆液护套在灌浆压力作用下产生裂隙,从而将浆液灌入土体。

4.5.8.3　套管穿孔法

这是一种新型的土体灌浆方法,是对采用专用浆液套管灌浆的发展,由下入套管部位的专用设备对套管下部任意选定点进行爆破穿孔。

4.5.8.4　预埋花管法

这种灌浆方法是用一种专用的护套浆液将花管安装到灌浆段。在花管段的外面箍上较薄的橡皮套作为单向阀,将花管段正对着灌浆位置放置,并用双塞来隔离需要处理的位置。向两个栓塞隔离出来的灌浆段泵入浆液,浆液在压力作用下,挤开花管上的橡皮套并击裂护套结石,进入到土体中。这套设备适用于水泥灌浆、黏土灌浆或化学灌浆,有的工程在同一个孔中、用同一套带橡皮套的花管将多种浆液分别灌入土体中,这样就可以更经济地处理具有大孔隙的土体,先用较便宜的黏土或水泥浆来充填大孔隙,然后灌入比较贵的化学浆液。

(1)黏土和细粒粉土:对这类地层的灌浆仅是通过穿透软弱面形成透镜体或通过形成结石将其压密来完成,灌浆材料可用水泥或水泥掺加其他细粒固体。

(2)中粗粒粉土和细砂:水比较容易流过的粒状物质能采用灌入黏度低的化学浆液来充填孔隙或形成或多或少的固结体。

(3)粗砂和细砾:实践表明高黏度的化学浆液和具高流动性的水泥浆一般适用于在这种地层中进行灌浆。

4.5.8.5　可灌性

EM1110 - 2 - 3504 详细地给出了对于非塑性粉砂至细砾类土体,不同类型的化学灌浆材料和硅酸盐水泥浆液的可灌性,图 5-1 也给出了各类浆液在不同土体中的可灌性界限。

4.5.9　特殊应用

目前灌浆技术有许多特殊应用,这方面的部分应用将在第 11 章中进行讨论。对于特殊应用或在浆液中掺加添加剂的灌浆,建议对浆液进行室内试验,并考虑进行灌浆试验,对预计含有矿物质的地下水或拌和水要进行化学分析,并将结果用于配比设计中。

4.6　灌浆方法

4.6.1　概述

　　常用的灌浆方法有分段灌浆、孔口封闭灌浆、分组灌浆、循环灌浆和混凝土漏斗管或重力灌浆。每一种方法的孔距划分确定了最终孔距,一序孔以最大的孔距(10～40 ft)钻孔灌浆,随后的每一序孔的孔距逐渐减小,直至达到灌浆结束的标准。帷幕灌浆孔可按单排或多排孔布置(详见 4.5 节),通常对灌浆帷幕做水平分区,每一个分区单元的宽度取决于具体的工程特征,但也可能按一个单元内不超过 3 个或 4 个一序孔进行划分。在同一单元内灌浆时,不允许进行其他灌浆孔的钻进工作,有时也不允许在相邻单元进行钻进,目的是限制开孔数量,减少孔间串灌的可能性,也为了防止未完全凝固的浆液受钻进冲洗液的扰动。

4.6.2　分段灌浆

　　(1)分段灌浆方法是自灌浆孔顶部向深部自上而下依次分段进行钻进和灌浆,当到达规定的深度或遇到特殊的条件时结束一段的钻进。一个灌浆带可以包含多个灌浆段,指定单元内的一序孔钻至第一段的深度后,采用低压灌浆,接着在孔内浆液充分凝固到需要重钻之前用喷水或其他方法将其清除,重复相类似的钻进、灌浆过程,直至达到第一灌浆带的底部。

　　(2)在单元或全区内所有一序孔的第一带灌浆结束 24 h 之后,再开钻一序孔之间插入的其他次序孔,钻灌至第一带的底部。在所有钻至第一带底部的孔均灌完后,待凝 24 h,然后将一序孔钻到属于第二带的下一段,以更高一级的压力灌浆。重复进行钻进、洗孔、压水试验、压力冲洗、压力依次增高的灌浆过程,直至达到设计要求。

　　(3)浅层灌浆帷幕开始是在较低压力下进行灌浆,但在分段灌浆中的较深层进行灌浆时,浅层要承受依次增高的压力,理论上通过浅层低压灌浆,浅层中的孔隙已经充填上浆液,能够承受高一些的压力。一般来说,在深层高压灌浆时只有极少量或基本没有浆液侵入到浅层中,不会发生基础抬动,但是也有例外。灌浆巡视员必须意识到这种可能性,做好准备,一旦发生这种情况,立即停止灌浆,以防基础发生抬动。

　　(4)如果孔中某一段的压水试验结果表明该段的透水性已经足够小,那么这一段可以不灌,留着孔作为其下一个灌浆段使用。

4.6.3　孔口封闭灌浆

　　(1)封闭灌浆有时称为向上分段法,是一种用栓塞或膨胀塞将预先确定的孔内灌浆段隔开进行灌浆,钻孔一直钻到设计深度,从孔底向上逐段进行压水试验、灌浆(例外情况是当钻进过程中遇到循环液漏失或承压水时,钻孔不能再直接钻至终孔孔深,这两种情况下需要在钻至最终深度之前进行灌浆)。栓塞或膨胀塞位于孔内灌浆段的顶部,将上部孔段隔开,对灌浆段进行压水试验和灌浆。最下部先进行灌浆,然后将栓塞向上提到下一个灌浆段的顶部,重复灌浆。一个单元工程内某一序次(一序、二序等)各段灌浆均完成后才能开始下一个序次内插孔的钻进工作。随着灌浆段的上移,因上部覆盖层厚度减小,灌浆压力一般也逐渐降低。

(2)当预计孔与孔之间可能存在串浆现象时,可采用多栓塞封闭灌浆法。经验表明被相邻孔渗流过来的浆液灌注的灌浆孔仅是局部被灌,因此不完全。多栓塞法本质上是在相邻孔中同时使用单栓塞进行压水试验。为了在灌浆之前确定可能的吸浆段,在钻孔灌浆前至少要在两个孔中进行压水试验(图 4-2 给出了不同吸水情况下多栓塞安装的例子)。在每一个孔中将栓塞安装在最深部吸水段的上部,以该段允许的最大压力在孔内进行灌浆,这样允许灌浆集管在孔之间移动以提高工作效率,这种方法减少了因孔间串浆造成重新钻孔和灌浆所引起的费用,同时对相邻孔吸水或吸浆情况的了解也有助于确定内插孔的孔深。

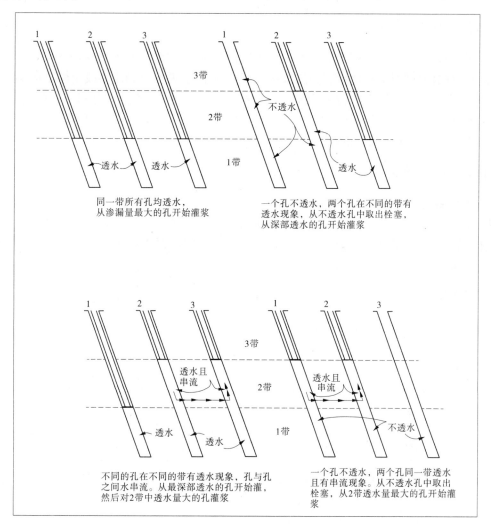

图 4-2　多栓塞封闭灌浆示意图

4.6.4 分组灌浆

分组灌浆是将孔中浆液冲洗出来,然后继续向下钻进至下一带,而分组灌浆是钻新孔来进行下一带的灌浆,其他方面两者相类似。按常规间隔布置钻孔,钻至第一带的深度后,从岩石顶部起,开始对各个孔进行低压灌浆,用中插孔法减少灌浆孔间距直至在允许压力下最上部段拒绝吸浆。在第一带灌完之后,将另一系列的钻孔钻至第二带深度,用高一级的压力对岩石顶部至孔底段进行灌浆,重复第一带所述的灌浆过程。根据灌浆设计深度以及最深带所采用的最大压力,有可能还需要钻另外一系列孔。这种在较深带采用较高压力的方法是基于假设上部灌浆区所形成的帷幕或铺盖阻止了浆液从较浅层冒出或防止了较浅层抬动的发展。但有时并不是这样,浆液在高压作用下侵入浅部岩层,若出现这种情况,有可能基础已经发生了抬动,必须停止灌浆或采用栓塞。

4.6.5 循环灌浆

循环灌浆要求使用两套灌浆管路,泵入管道与穿过膨胀塞、栓塞或专用集管进入距孔底 5 ft 以内的导管相连,从导管中流入的浆液充填钻孔,并流过膨胀塞或集管上的第二个孔进入相连接的回浆管中,返回到泥浆池重新循环。这样一旦泵入率超过岩石的吸浆率,灌浆孔就可以作为浆液循环系统的一部分。循环灌浆可用于全孔一次性灌浆或作为其他所描述的灌浆方法的修正措施。

4.6.6 重力灌浆

重力灌浆有时指混凝土漏斗管灌浆,一般用于存在张开的、能自动吸浆的大孔隙中,例如可溶岩地层、玄武岩流和矿藏洞穴中进行的灌浆。重力灌浆技术是将钻孔钻至设计深度,将一根导浆管下至孔底附近,以自重压力灌入浆液,随着浆液面的升高,一边灌入,一边缓慢提起灌浆管。重复这个过程直到完全灌满孔。整个灌浆过程中,灌浆管要一直浸没在浆液中。

4.6.7 灌浆方法评价

4.6.7.1 分段灌浆

1. 优点

所有的分段灌浆,无论深浅,均从孔口开始,一般通过一根短管或在孔口安装栓塞。这种方法不像封闭灌浆那样需要在深部安装栓塞。与封闭灌浆方法相比,由于分段灌浆不涉及栓塞问题,它适于采用小口径钻孔。分段灌浆灵活性强,一旦技术条款中写明对于承包商所做的努力将给予费用考虑,几乎可以针对任何遇到的具体的地质问题进行局部处理。下部钻进过程中产生的岩粉不会堵塞上部的可灌入裂缝,所有灌浆段都在同一个孔中进行,而分组灌浆每一带的钻进、灌浆都要打一个新孔,相比之下分段灌浆更能节省钻进费用。同时,在较深部灌浆时,可使浅部岩体在较高压力作用下重复受灌。

2. 缺点

分段灌浆法的主要缺点:无重载条件下灌浆,表部岩体存在抬动的危险。抬动将会造成大量浆液浪费,并可能严重破坏岩体或上部建筑物。在较低压力下,当浆液真正灌入靠近表部的岩体中,并取代空气和水的过程中会发生抬动。薄层状岩体、近水平岩层和强烈破碎岩体更容易发生抬动。与封闭灌浆相比,分段灌浆的第二个主要缺点是费用较高,每个孔每一区的灌浆至少要安装钻机一次,同样必须将灌浆管与孔连接一次,同时,灌浆孔的导管连接一般是付费项目,这两项增加了灌浆的时间和费用。向深部钻孔前对灌浆孔每一段的清洗会造成浆液的浪费,同时增加了劳动量。过早的清洗可能造成灌入岩石中的浆液回流,这部分浆液也会被浪费掉。

4.6.7.2　封闭灌浆

1.优点

封闭灌浆法的主要优点:用膨胀塞或指定的专门处理措施可将钻进中发现的不完整段隔开;每个灌浆孔仅需进行一次钻进;用双膨胀塞可将压力冲洗和压水试验集中于孔中某一短段进行以提高效果;灌浆后无须进行清洗或重钻,所需的连接量少,因此比其他方法更加经济。

2.缺点

封闭灌浆法的缺点:浆液有可能通过垂直、近垂直破裂面或节理发生绕塞渗流;在破碎、多孔或溶解蜂窝状岩层孔段,膨胀塞难以塞堵严密;可能会在邻近孔出现串浆现象,造成相邻孔中灌浆段以上的破裂面、夹层或其他不完整段堵塞;灌浆孔的孔径受可用的栓塞或膨胀塞尺寸的限制,经常出现埋塞事故。

4.6.7.3　分组灌浆

1.优点

与分组灌浆所述的优点基本相同(除最后一条外),其他优点是所有灌浆都是在新钻孔中进行的,使可灌入的孔隙处于最大暴露程度中,不像分段灌浆不时的清洗而造成已注入岩体中的浆液受损失。

2.缺点

分段灌浆中的存在抬动风险、耗时费钱等主要缺点也存在于分组灌浆中,钻探工作量的增加使分组灌浆为所述灌浆方法中最为昂贵的一种,分组灌浆表部岩体发生抬动的风险比分段灌浆还要大。

4.6.7.4　循环灌浆

1.优点

浆液在整个孔中一直处于流动状态直至灌浆结束,这样在大的裂隙充填后再灌入到下一级的小裂隙中。坍塌孔的灌浆可通过将灌浆管穿过塌孔段来完成。循环灌浆对灌浆孔的冲洗比其他任何方法都要彻底,塌落物质可随着灌浆孔中浆柱的升高而从孔中排出,并且通过回浆管与泥浆池之间设置的筛子最终将其清除。

2.缺点

若栓塞位于孔口附近,则全孔必须采用足够低的压力以防地表岩体抬动,如果将栓塞安装在地表以下几英尺深,则上部岩体不能灌浆。安装循环设施需要较大的钻孔孔径,装、卸孔内灌浆管要增加较多的时间,同时循环灌浆的费用要高于分段灌浆或封闭灌浆。

4.6.7.5　综合方法

一个大的灌浆施工工程不可能仅仅采用一种严格定义的灌浆方法就能够完成,例如采用封闭灌浆法,如果在钻孔钻进时发生漏失现象,必须立即停止钻进,对钻孔进行灌浆,这种情况可以说成是分段封闭灌浆;分段灌浆中若上部岩体很破碎以至于无法密封好,不能承受下部段灌浆所需的较高压力,则就需要在破碎段以下安装一组栓塞来完成下部的灌浆,这也是分段灌浆法与封闭灌浆法的组合。有些工程在破碎地段采用循环灌浆,当上部严重破碎地段分布范围比较大时,可采用网格状布置浅孔进行分组或分段灌浆处理,这样在下部区进行封闭灌浆、分段灌浆或分组灌浆之前形成了一层已经灌完的岩石盖板。工程灌浆技术要求要留有足够的灵活性,以便针对所遇到的情况采用最适合的灌浆方法,并提出相应工作的费用核算方式。

4.6.7.6　方法的选择

分段灌浆和封闭灌浆是两种最常见的灌浆方法,运行记录表明这两种方法都能取得有效的结果。如果灌浆会耽误其他施工工序且工期是一个重要因素,则要认真考虑封闭灌浆法;若灌浆孔下部段比近地表的上部段采用的压力高,则封闭灌浆法是最适合的,例如库岸、坝肩、矿井,或类似的深基坑开挖灌浆以及对地下建筑物区从地面开始的灌浆。有时候一部分灌浆孔必须穿过位于灌浆处理段之上的岩石,且这部分岩石不需要灌浆,在这种情况下,比较适合采用封闭灌浆。若灌浆段上部有足够厚的岩石,可采用全孔一次灌浆,采用低压或自重压力灌浆;若灌浆区表部的岩石为薄层状且产状近水平,封闭灌浆是避免发生抬动的最佳方法。当钻孔未达到预定深度存在漏水现象时,一般采用分段灌浆法,分段灌浆可以用于防止页岩类岩石在钻进过程中磨成泥状而充填或阻塞上部可灌入裂缝。在进行深部灌浆之前,若需要对上部岩石进行固结灌浆,则有必要采用分段或分组灌浆法。在对已有建筑物的基础灌浆时,若采用的压力与上部建筑物附加的荷载相当,必须非常小心以防造成建筑物的抬动或倾斜,当岩层为块状或中厚层状,节理与岩层的倾角较大时,发生抬动的风险会小一些。

4.7　地基排水

(1)混凝土坝一般采用廊道进行钻孔、灌浆和排水,若有可能,廊道的最小尺寸应是8 ft×8 ft。

(2)除灌浆外,可通过排水来控制坝基、坝肩渗流产生的扬压力。将地基排水设施、过滤和其他措施共同作用或结合灌浆帷幕(若有的话)来控制渗漏、减少扬压力和防止管涌。地基排水设施包括排水孔、减压井、排水井、排水廊道和透水设施或反滤层。

(3)工程师团承建的土石坝中没有廊道,但在以后的工程中可以考虑。

(4)控制渗流最有效的方法之一是排水,在灌浆未完成前不能钻排水孔。必须在已有排水设施的附近进行灌浆时,要小心避免浆液灌入到排水孔或井中,灌浆工程结束之后要检查排水设施的有效性,清洗排水孔或井,恢复其功能,视需要补充排水孔或井。

(5)廊道中的地基排水经常倾向下游,以增加排水孔与灌浆孔之间的距离。排水孔的最小直径应为3 in,根据地质条件和地下水情况,决定是否下入聚氯乙烯或金属花管,不能用砾石或砂充填排水孔。

（6）隧洞和坝肩部位的排水孔可以是水平的或以任何角度倾斜，若排水孔是水平的或朝页岩一类敏感岩层倾斜，孔口要安装防气阀，以防止空气在孔中循环，视需要加装套管。

（7）排水设计要考虑通道问题，要求能对排水设施进行定期检查和清洗。

第 5 章　灌浆材料

5.1　灌浆材料概述

5.1.1　概况

　　使用硅酸盐水泥配制的浆液必须考虑两个主要问题:①不同材料的兼容性;②每一种成分的掺加目的。浆液中添加不同的材料不仅可以使用户得到具有不同物理性质的浆液,而且可以针对实际工程情况对浆液进行现场调整。

5.1.2　硅酸盐水泥

　　最常见、常用的水硬性水泥是硅酸盐水泥,在全世界广泛用作水泥浆液的基本组成成分。下面所列的水泥不一定在全国各个地方都能经济地得到,因此在确定水泥类型之前要明确其购买难度。下面是灌浆中可考虑使用、在生产的硅酸盐水泥类型。

5.1.2.1　Ⅰ类硅酸盐水泥

　　当不要求浆液具备其他特殊性质时,在一般的灌浆中广泛使用Ⅰ类硅酸盐水泥。

5.1.2.2　Ⅱ类硅酸盐水泥

　　Ⅱ类硅酸盐水泥具中等抗硫酸盐侵蚀性能,比Ⅰ类硅酸盐水泥水化放热的速率要慢一些。

5.1.2.3　Ⅲ类硅酸盐水泥

　　当要求 2 个星期或更短时间内,达到高早期强度时,采用Ⅲ类硅酸盐水泥。例如,需要采取灌浆进行紧急修复,或灌浆后马上要使用的情况下,考虑采用这种水泥。由于这种水泥比其他类型的水泥具有更高的细度,有时指定用于细小裂隙的灌浆。

5.1.2.4　Ⅳ类硅酸盐水泥

　　Ⅳ类硅酸盐水泥比Ⅱ类硅酸盐水泥水化热低,强度发展变化比Ⅰ类硅酸盐水泥缓慢,多用于需要防止水化热过高的大规模灌浆中。

5.1.2.5　Ⅴ类硅酸盐水泥

　　Ⅴ类硅酸盐水泥用于存在严重硫酸盐侵蚀性问题的灌浆中,在土体或地下水硫酸盐含量高的条件下首选这种水泥。

5.1.2.6　含气硅酸盐水泥

　　其ⅠA类、ⅡA类、ⅢA类成分分别对应于上述Ⅰ类、Ⅱ类、Ⅲ类硅酸盐水泥,这类水泥中含有少量的含气材料,加工时掺加渣块一起碾磨制成,灌浆很少用这种水泥,只有当浆液有可能暴露于严重冻融环境下才考虑使用。

5.1.2.7　油井水泥

制造这类水泥是为了用于温度、压力变化大的油井中,因此其分类与用于环境相对不苛刻的美国材料试验学会(ASTM)水泥分类不太一样。为满足油井的要求,美国石油研究所(API)给出了八种类型的油井水泥,分别为 A、B、C、D、E、F、G 和 H,API 的 A、B、C 类对应于 ASTM 的 Ⅰ 类、Ⅱ 类、Ⅲ 类,API 分类中没有与 ASTM 中的 Ⅳ 类、Ⅴ 类相对应的类型。

5.1.3　火山灰

这是一种呈粉末状的硅质或硅铝质材料,有水情况下与硅酸盐水泥中的氢氧化钙起化学反应形成具有黏性的化合物,火山灰可分为以下三类。

5.1.3.1　N 类

这类包括未加工或煅烧的天然火山灰,如某些硅藻土、蛋白石状燧石和页岩、浮石等凝灰岩和火山灰(有可能需要煅烧,也有可能不需要煅烧)、某些煅烧后具有令人满意特性的黏土和页岩。

5.1.3.2　F 类和 C 类

这类灰状物是粉煤燃烧时产生的粉末状物质,即粉煤灰,为浆液中最常用的火山灰类掺加材料。

5.1.4　外加剂

外加剂是除水、细骨料和水硬性水泥外,在即将混合前或混合时往浆液中添加的其他材料,目的是改变浆液的化学或物理性质,使之在流动时或呈塑性状态时具备所需要的特性。以下列出了用于这种目的的主要外加剂。

5.1.4.1　速凝剂

浆液中用的最广的速凝剂是氯化钙($CaCl_2$)。一般氯化钙的安全用量可达到水泥质量的 2%,主要在有早强和速凝要求时使用。当浆液暴露于寒冷空气中时,添加氯化钙可有效降低浆液在凝固时发生冻结的可能性。这种速凝剂会加剧硫酸盐侵蚀和碱活性反应,当浓度较高时会起到缓凝剂的作用。当浆液与钢材相接触时不能使用氯化钙。其他速凝剂有可溶碳酸盐、硅酸盐和三乙醇胺。粒状和片状的氯化钙可先放入适量水中进行溶解,然后可成功地添加到浆液中。

5.1.4.2　缓凝剂

最常用的缓凝剂是有机化学物品,大多是木质硫黄盐或氢基羧基盐及其他这些添加剂的变型。缓凝剂用于抵消浇注温度过高所引起的不需要的速凝效果和延长浆液注入或浇注时间,当温度超过 70 °F 时可能需要添加缓凝剂。

5.1.4.3　减水剂

从本质上看,用作减水剂的材料与缓凝剂成分相同,减水剂是通过提高浆液的流动性来提高其可泵入性能,并在保持其流动性不变的情况下提高其强度,同时可降低硅酸盐水泥浆液结石的渗透性和孔隙。

5.1.4.4　铝粉

有时铝粉作为硅酸盐水泥浆液中的收缩补偿来使用,或使得浆液在塑性状态时产生微~中等量的可控制膨胀,这种膨胀为水泥碱性材料与铝产生反应的结果,并在浆液中产生少量氢气。膨胀量和膨胀率主要取决于浆液的温度、水泥中的碱含量及所用铝粉的种类、细度和颗粒形状。实践表明在硅酸盐水泥浆液中加入未抛光、高纯度低脂无悬浮的粉末可取得令人满意的结果,膨胀发生在浆液流动过程中,并在浆液终凝前结束。通常一袋水泥中加入 2~3 g 或约一茶匙铝粉。工程项目中在使用铝粉之前有必要进行室内或现场试验。

5.1.4.5　增加流动性的外加剂

浆液中的这类添加剂可以防止早期凝固、保持细粒物质呈悬浮状态并在初凝前产生可约束的膨胀。这种外加剂可由几种成分组成以达到规定的特性,主要成分通常为产生气体的添加剂、缓凝剂和分散剂。硅酸盐水泥浆液可通过添加少~中等量的细磨粉煤灰、岩粉、浮石粉、硅藻土和膨润土来提高其可泵入性能。除大多数粉煤灰外,这些混合物通常需要增加用水量。在现场使用这些材料之前,需要通过试验对混合物进行测试,以达到所需的性能特征。

5.1.5　填料

填料有时称为掺和料。在浆液需要量较大时,主要从经济角度考虑,用不同类型的填料来替代不同量的水泥,如大孔隙的填充、槽、洞及钻孔、竖井和隧洞的回填。

5.1.5.1　填料的使用

由于填料趋向于延长浆液的凝固时间,对于含水量高的浆液有可能导致强烈收缩和强度损失,应谨慎使用。粉砂和黏土有可能含有过量的有机质,选择时要仔细。使用填料时要考虑加速凝剂和减水剂。

5.1.5.2　细粒矿物填料

岩粉、黏土、粉煤灰、粉砂、硅藻土、浮石、重晶石等为细矿物填料。

5.1.5.3　粗填料

浆液粗粒掺和料最常用的是普通砂,一般通过筛分达到所需的级配。如果不使用矿物填料或外加剂,实践中一般以砂子与水泥的质量比为 2:1 作为浆液中砂含量的上限。如果不需要考虑强度,其他粗粒填料有橡胶屑、珍珠岩、木屑锯末、玻璃纸屑、粉碎的棉子壳、云母薄片、钢、尼龙和塑料光纤、塑料珠和聚苯乙烯珠等。

5.1.5.4　矿物填料

永久工程中需要细心选择所用的矿物填料。常用的填料有砂、岩粉和粉煤灰,后者在最近几年用得比较多。硅酸盐水泥浆液中加入矿物填料应进行拌和试验。

5.1.5.5　粉煤灰

粉煤灰既可以作为填料,又可作为外加剂。当分离出的细粒硅质残渣与硅酸盐水泥起化学反应时,浆液中的粉煤灰可形成类似水泥的特性。若要保持 28 d 龄期所需的强度,取代水泥的粉煤灰最大用量不应超过水泥质量的 30%。

5.1.5.6　硅藻土

硅藻土是由微小海洋生物的化石组成的,主要成分为硅。加工的硅藻土细度可为水泥的 1/15～1/3,其结构与外观均像细粉末。浆液中加入少量的硅藻土提高其可泵性,但作为填料大量掺入时所需的水灰比很高,仅可用在结石强度要求低的充填工作中。

5.1.5.7　浮石粉

浮石粉是由火山灰、灰质岩、凝灰岩或浮石等加工成粉状得到。浮石粉不仅可作为填料,少量添加也可以提高浆液的可泵性,在混合物中可形成类似火山灰水泥的特性。掺和时需要的水量比粉煤灰大,但比硅藻土小。

5.1.5.8　膨润土

膨润土为一种蒙脱石钠基黏土,一般称为胶体,最近几年越来越多地用于提高浆液的可泵性。使用膨润土的其他优点包括可减少收缩,防止析水。膨润土也可以作为填料使用,但同硅藻土类似,拌和用水量大,从而导致浆液凝固后的强度大幅降低。膨润土水化后再加入比将其以干粉形式加入拌和物的用量要少 75%。

5.1.5.9　重晶石

重晶石是一种天然的硫酸钡($BaSO_4$),其比重接近 4.5,加工后的重晶石在物理特性方面像硅藻土。重晶石需水量很大,会降低浆液的结实强度。当需要用高浓度浆液且强度要求低时可加入小～中等量的重晶石作为填料。

5.1.6　拌和水

一般可饮用的水都可用作浆液拌和水。当怀疑存在不利的杂质,特别是那些浓度大的杂质时,应进行水质分析。杂质包括可溶解钠、钾盐、碱、有机质、无机酸、糖及其派生物和粉砂。对“现场”天然水源的水必须进行试验(CRD－C 400),以证实其可用性。

5.2　硅酸盐水泥浆液

5.2.1　配合比

(1)浆液的水灰比应仔细考虑,该比值不仅影响其强度和和易性,还影响其可泵性、黏性、穿透性、吸浆量、凝固时间和灌浆压力,水灰比的高低与各类永久性灌浆结石的长期耐久性成反比。

(2)当各成分的质量不必精确计量时,为了方便现场操作,常以体积为准进行配料而不必分批称重。现场所用的混合物经常表达为水的体积(立方英尺)与一袋 1 ft³ “松散”水泥的比,现场常用的水灰比为 6∶1～0.6∶1,10∶1 一类的稀浆有时在极个别地方使用,不过可能需要掺入速凝剂、缓凝剂、流动促进剂和减水剂一类的外加剂使之满足工程条件。任何配料混合所得到的流动浆液的体积事实上为水泥的绝对体积加上填料或一定量的外加剂的绝对体积,再加上水的体积之和。一袋 94 lb 重水泥的绝对体积(采用硅酸盐水泥的平均比重 3.15)为 0.478 ft³,一般取近似值即可,一袋水泥体积近似为 0.5 ft³。

5.2.2　纯水泥浆

一种流动性强,通常不含砂子,只有水泥和水及少量不足以改变浆液流动性的外加剂所构成的混合物称为水泥浆。这种浆液的黏性很低,有时指自流(self-leveling)、低浓度或高流动性的浆液。

5.2.3　起泡沫浆

起泡沫浆有的称为蜂窝状浆液,用于特殊情况下的灌浆,如用于有可能承受挤压或动荷载的地下刚性建筑物的背部。这种浆液还可用于保护核试验或强爆炸试验中的监测仪器,可用作回填材料和渗透控制材料。由于形成的结石易于开挖,这种浆液亦可用于临时建筑物。

5.2.3.1　混合浆

这种混合物由水和硅酸盐水泥组成,加入不同量的专用泡沫,得到具有低应力、高应变特性并且有一定强度和密度的结石。用一台泡沫生成器将其由液态转换为泡沫。一家泡沫生产厂家将其产品描述成水状、中性、稳定的蛋白质发泡物。

5.2.3.2　物理特性

抗压强度为 $50 \sim 1\,000$ lb/in^2($0.34 \sim 6.9$ MPa)、密度为 $40 \sim 80$ lb/ft^3($0.64 \sim 1.28$ g/cm^3),净浆液相通常用Ⅰ类或Ⅱ类硅酸盐水泥,水灰比(质量比)一般为 $0.5 \sim 0.6$。

5.2.4　砂浆

浆液中加入砂子作为主要填料是基于经济原因考虑。其他优点为具有较低的水灰比、较低的水化热和较低的收缩性。砂子的磨圆度越高,可泵性越好;可泵性也会随砂子的细度增加而提高,但用水量也同时增高。人工砂或河砂一般过 16 号筛,但经常采用"原样砂(不加工)",也可以直接采用天然砂和人工砂。美国陆军工程师团水道试验站(WES)进行了一系列砂浆测试,测试所得的砂浆物理特性归纳在附录 D,成果描述如下:

(1)泵送 2 份砂和 1 份水泥混合成的浆液,在常温下可不用添加外加剂。

(2)掺入少量的硅藻土可略微提高浆液的承砂能力。膨润土含量超过水泥质量的 10% 时混合物中可加入大量的砂,但由于用水量很高,强度很低。

(3)当材料中过 100 号筛的砂不足时,需要添加细磨矿物填料来提高浆液的承砂能力。采用过 100 号筛的细粒含量达到 25% 的砂子时,按 1 份水泥和 3 份砂子(体积比或质量比)配制的浆液可成功泵入。

(4)若需保持流动性不变,添加细粒砂需要增加用水量。

(5)灰岩和暗色岩石制成的人工砂可以成功泵入。

(6)灰岩捣碎后的细粒比粉煤灰和黄土更能提高可泵性。

(7)可泵入质量比为粉煤灰:水泥 = 1.5:1.0 和硅藻土:泥 = 1:1 的配料中,各加入 7.5 份、12.0 份有 10% 粒径过 100 号筛的灰岩细骨料所拌和的浆液,同时表现出较高的含水量和较低的强度。

(8)掺和占水泥质量 25% 的粉煤灰的硅酸盐水泥浆液的质量不比不加粉煤灰的同类

浆液差。

5.2.5　可灌比

可灌比是表达将固体悬浮液灌入到砂砾石地层中的可注入程度指标。用直径"D"表示水泥、砂子或砾石过某一筛百分数所对应的筛的尺寸,浆液中有85%通过200号筛的D_{85}为74 μm,即为对应筛的孔眼尺寸;有15%过16号筛的砂子的D_{15}为1 190 μm。可灌比N从这两个数值中得出,表达为D_{15}/D_{85},在该例中N值为1 190/74 = 16。选择N时要仔细考虑,上例$N = D_{15}/D_{85} = 16$的值可取得满意的灌浆效果,当N值接近6时灌浆困难,从$N = 6$开始出现过滤现象,一般N值应大于25,但有的也可以低至15,这取决于制浆材料的物理特性。图5-1为这个关系式的图解,给出了:①硅酸盐水泥、波士顿绿黏土、普通沥青乳液和薄壳定型专用沥青乳液的典型颗分曲线;②上述制浆材料配制的浆液可灌入砂子中的下限(D_{15})。

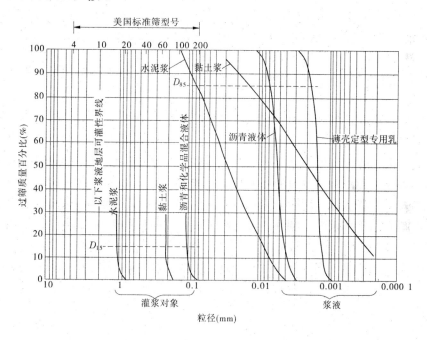

图 5-1　土和灌浆材料级配曲线

5.2.6　流动性

流动性是浆液可泵入或不可泵入的一个重要指标,除浓稠和稀薄外,流动性可分为以下三种:①高流动性为一种"自流"状态的流动混合物,可高速流动,通常指很稀、黏性非常低的浆液;②中等流动性是一种能流动,在可流动性极限内、具中等黏度的混合物;③最小流动性是一种处于塑性范围的黏稠混合物,呈现几英寸的坍落度,有时不能流动或呈浓团状。流动性量测中,用漏斗式黏度计测量(CRD – C 611)的流出时间为10～30 s的浆液一般可泵性高,其黏度为100～1 000厘泊(10^{-3}Pa·s);中等流动性浆液,在五级制流动稠度试验台上的实测值将在125～145个流量,其黏度为10 000～50 000厘泊,坍落度超过 8 in；最小流动性浆液浓而厚，在五级制流动稠度试验台上为 100 ~ 125 个流量，坍落度不超过 8 in。高流动性浆液和中等流动性浆液在压力作用下，可用大多数的非调压型灌浆泵来泵入，但最小流动性浆液，通常用混凝土泵或导管灌入大的洞穴或用泵和导管之外的其他方法灌入结构混凝土的裂缝、冲刷孔洞等空隙中。

5.2.7　硬化物理特性

大多数具高流动性的纯水泥浆液结石的密度为 90 ~ 110 lb/ft^3（1.45 ~ 1.77 g/cm^3），常用中等稀释度浆液结石的抗压强度为每平方英寸几百磅，较浓浆液结石可达 2 000 lb/in^2（13.8 MPa），结石的抗弯强度一般为抗压强度的 10% ~ 15%，弹性模量（E）接近同等强度混凝土的一半。中等流动性浆液结石的密度一般为 110 ~ 125 lb/ft^3（1.77 ~ 2.01 g/cm^3），抗压强度为 2 000 ~ 3 000 lb/in^2（13.8 ~ 20.7 MPa）；最小流动性浆液结石的密度为 125 ~ 140 lb/ft^2（2.01 ~ 2.25 g/cm^3），抗压强度 3 000 ~ 6 000 lb/in^2（21.7 ~ 41.4 MPa）。在重要区域，如机器的基础部位，有可能需要进行室内强度试验以确定适宜的配合比，也可能需要进行收缩试验、渗透性（CRD – C 48）试验和蠕变试验。

5.3　特殊水泥及拌和物

5.3.1　膨胀水泥

最近几年膨胀水泥开始在商业上应用，主要用于补偿最初几星期发生的浆液凝固和硬化产生的常规收缩。这种类型的膨胀水泥不能与在浆液流动阶段由于氢气、氧气或氮气的释放而产生的膨胀相混淆。膨胀水泥的化学成分为无水硫铝酸钙，当其与石灰、水和氢氧化物混合后可形成水泥杆菌并产生膨胀。该水泥的长柱法有限膨胀试验（美国材料试验学会（ASTM）C878）结果为 0.04% ~ 0.10%。该水泥制成的浆液可用于机器基础、柱基、锚墩、混凝土裂缝、隧洞和竖井衬砌内侧缝隙、钻孔和隧洞的回填处理，以及其他要求不发生明显干缩的地方。这种水泥具早期硬化特征，因此要考虑添加缓凝剂和减水剂。

5.3.2　石膏水泥

石膏水泥通常快速凝固，常用于积水洼和凹坑的迅速修补，有时用于岩石和锚杆的锚固中。由于石膏水泥具快速凝固的特点，有时在温度接近零度时使用。这种类型的水泥常有微量膨胀性。当其暴露在恶劣环境（严寒、盐化、高温、潮湿和干旱）中时耐久性将成问题，使用时必须谨慎。石膏水泥的凝固时间和强度变化较大，不同品牌的水泥其特性变化较大。石膏水泥有时作为加速硅酸盐水泥凝固的外加剂，或加入少量来克服硅酸盐水泥中有可能出现的假凝问题。在使用石膏水泥之前，特别是用于有性能要求的时候，要进行室内试验，且该水泥不能在大坝永久灌浆帷幕中使用。

5.3.3　速凝水泥

初凝时间和终凝时间接近普通水泥（如 I 类或 II 类水泥）凝固时间一半的水泥，认为是速凝水泥。在有速凝要求时,石膏水泥、Ⅲ类水泥、高铝水泥和凝结时间可调整的含铝酸盐水泥最常用。高温环境可进一步加快这些水泥的凝结时间,甚至可能使其接近急凝时间。在使用速凝水泥前要进行室内试验和现场试验。

5.3.4　流动和硬化特性

由于初期水化作用会形成早凝,膨胀水泥、石膏水泥和速凝水泥的用水量比其他类型的水泥稍微高一些。为防止其在搅拌机、水泵、管线及桶中凝结,配料和灌入都需要快速进行。一般来说,刚开始混合物是呈自流状态,但在几秒或几分钟内马上开始硬化凝结。在几天内,一些石膏水泥的抗压强度可达 10 000 lb/in² (60.9 MPa);一般 7～10 d 龄期的Ⅲ类水泥结石强度可达到Ⅰ类、Ⅱ类、Ⅳ类和Ⅴ类 28 d 龄期的强度;高铝水泥和凝结时间可调整的水泥的特征在一定程度上类似于Ⅲ类水泥,但凝结时间略快些,最终结石强度更高些。

5.4　拌和物调整

(1)如 5.2.1 部分所述,任何配料混合所得到的流动浆液的体积事实上为水泥的绝对体积加上掺和料或一定量的外加剂的绝对体积,再加上水的体积之和。松散配料(例如水泥、粉煤灰、硅藻土、膨润土和砂子)的绝对体积一般通过重量和比重计算得到。

$$绝对体积 = \frac{松散配料重量}{比重 \times 水的容重}$$

液体体积计算公式:

$$体积 = \frac{液体重量}{液体的容重}$$

(2)当需要保持每批拌和物的总量不变,减少或增加水、松散配料的用量时,这种调整必须提前进行,不管这种调整是为了提高可灌性,提高或降低结石强度,还是为了密度或其他所需物理特性的调整。大部分以控制地下水为目的的灌浆中,强度可能不是控制因素,为确保给定位置钻孔的灌入量,可能需要对基本浆液进行稀释或加浓。

(3)图 5-2～图 5-4 分别为拌和物中硅酸盐水泥的含量、硅酸盐水泥浓缩和稀释的图表。不管是稀释浆液还是加浓浆液,首先要算出给定体积浆液中的水泥含量,按每袋水泥的绝对体积取近似值 0.5 ft³ 计算,用浆液立方英尺数除以每袋水泥配制所得的浆液的立方英尺数。

例如:计算水灰比为 4:1 和 0.75:1 的 12.6 ft³ 浆液中水泥的袋数。

4:1浆液:

4(ft³ 水)+0.5(1 袋水泥的固体体积,ft³)=4.5 ft³,12.6÷4.5=2.8 袋水泥;

0.75:1浆液:

0.75(ft³ 水)+0.5(1 袋水泥的固体体积,ft³)=1.25 ft³,12.6÷1.25=10.1 袋水泥。

(4)浆液稀释计算中,要求加入的水的体积在数值上等于被稀释浆液所需水泥袋数乘以现有浆液与所需浆液水灰比中水的比例数据的差值。

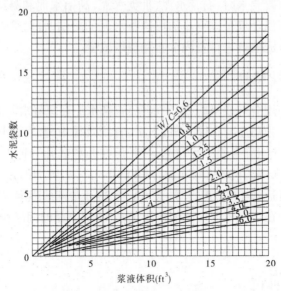

例:水灰比为2.0的10 ft³浆液=4.0袋水泥

注:水灰比(W/C)=水体积(ft³)÷水泥袋数

图5-2　硅酸盐水泥浆水泥用量

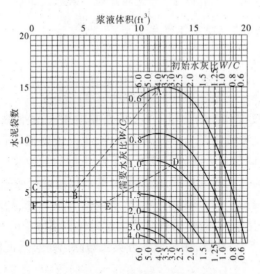

例1:水灰比为4.0的4 ft³浆液加浓至水灰比为0.6时应加入的水泥量=5.0袋水泥(ABC)

例2:水灰比为3.0的7 ft³浆液加浓至水灰比为1.0时应加入的水泥量=4.0袋水泥(DEF)

注:水灰比(W/C)=水体积(ft³)÷水泥袋数

查表方法:找到所需要水灰比曲线与垂直向初始水灰比的交
点,将该点与左侧下方顶点0相连,该连线与所需要
调配浆液体积所对应直线相交于一点,该点所对应
的左边纵坐标值即为加浓时所需要加入的水泥袋数

图5-3　硅酸盐水泥浆液加浓图

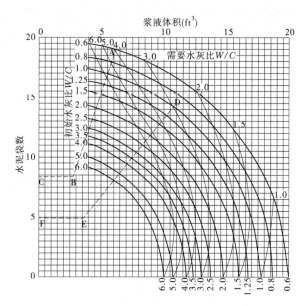

例1:水灰比为0.6的2.7 ft³浆液稀释至水灰比为4.0时应加入的水量=8.3 ft³(ABC)
例2:水灰比为1.0的3.7 ft³浆液稀释至水灰比为3.0时应加入的水量=4.9 ft³(DEF)
注:水灰比(W/C)=水体积(ft³)÷水泥袋数
查表方法:找到初始水灰比曲线与所需要水灰比曲线
的交点,将该点与左侧下方顶点0相连,该连
线与所需要稀释浆液体积数所对应直线相
交于一点,该点所对应的左边纵坐标值即
为稀释时所需要加入的水量

图 5-4　硅酸盐水泥浆液稀释图

例如:计算将 7.2 ft³ 1:1 的浆液稀释为 3:1 时所需加入的水的体积:

7.2 ft³ 1:1 浆液中所含的水泥袋数为 4.8 袋(7.2÷1.5=4.8)

两种水灰比浆液(3:1 和 1:1)中表示水的数据差值为 2,将 7.2 ft³ 1:1 的浆液稀释为 3:1 所需加入的水量为 9.6 ft³(2×4.8=9.6)。

(5)浆液调浓计算中,是将浆液立方英尺数减去所含水泥袋数的绝对体积立方英尺数,得出浆液中水的体积,然后按计算出来的水的体积得出所需要水灰比中要加入的水泥量。为简化拌和操作,调整时取最接近的水泥整袋数。以下为变浓例子。

将 5.6 ft³ 3:1 浆液加浓到 1:1:

浆液中包含 4.8 ft³ 水和 1.6 袋水泥,要得到 1:1 水灰比的浆液,在 4.8 ft³ 水中要加入 4.8 袋水泥,需要另加入 3.2 袋水泥,但为了避免拌和时水泥袋数出现分数,加入 0.8 ft³ 水和 4.0 袋水泥。

5.5　化学灌浆

5.5.1　概述

随着化学灌浆材料的发展,化学灌浆在强度方面有所提高、胶凝时间可控制得更好、灌注界限得以拓宽,化学灌浆为施工行业带来了各种便利。化学灌浆可定义为一种真溶液,由两种或更多种化学物反应形成软的、可流动的凝胶体和半坚硬、坚硬刚性的凝胶体。

5.5.2　适用范围

大多数化学灌浆(如丙烯酰胺、硅酸盐、木质素)用于提高土体强度和控制地下水,主要用于地基及基础工程。环氧树脂和聚酯树脂不仅可用于对混凝土和岩体中的浅缝进行修补,还可用于岩锚和锚杆的固定。水基树脂的黏性比丙烯酰胺、硅酸盐类略高,但比一般硅酸盐水泥要低得多,可作为中砂和粗粉砂浆液的载体。由于各种化学灌浆材料都有毒性和腐蚀性,采用化学灌浆时必须小心。受环境因素的约束,许多灌浆限制某种化学制品的使用。

5.5.3　配制成品的化学灌浆材料

现在能买到由两种成分配制好的化学灌浆材料,这种材料的最初设计是用于钢筋束、钢筋和锚杆的锚固。

5.5.4　参考资料

采用化学灌浆时,应以工程师手册 EM1110 - 2 - 3504 作为指导,并联系可能满足工作要求的化学灌浆材料制造商进行确认。针对具体目的,化学灌浆材料或可能需要采用的化学灌浆材料应该进行室内试验和现场评估。

5.6　沥青灌浆

当用水泥灌浆封堵中~大型的地下暗河失败时,或根据灌浆区的具体条件和水流的流量与流速情况,认为采用水泥灌浆不现实时,偶尔也可采用沥青灌浆。利用热沥青和沥青乳液形成阻碍水流的屏障。用于灌浆的热沥青一般加热到近 400 °F,加热时应小心,热沥青的加热温度必须低于其所记载的燃烧点。沥青乳液不融于水,遇冷呈胶状悬浮于水中。在乳液中加入专用的化学物质使其"破裂"而引发絮凝,进而凝结形成有效的结石。凝结时间的控制是一个重要因素,以确保所灌位置在适宜的时间形成适量的凝结。

5.7　黏土灌浆

在贫硅酸盐水泥灌浆中,以细黏土作为填料。掺入黏土的优点是提高了可泵入性、可灌入性和经济性。灌浆中采用的两种主要黏土类型为蒙脱石和高岭土,绿坡缕石是第三种可用于盐穹地和海水灌浆中,或用于一些中~高等的盐碱化地区的灌浆中的黏土。浆液中掺和斑脱土主要是其具有胶状膨胀的特性,而高岭土则不具有此特性。

第6章　设　备

6.1　概　述

以下描述了灌浆专用设备的选择和批准,简述了设备操作准则和相关工作要求。钻进方法详见第4.4节(译者注:本章中不再给出关于具体灌浆设备的照片,感兴趣的读者可详见EM1110 - 2 - 3506(英文原版)。

6.2　钻探和灌浆设备

6.2.1　钻探设备

场地条件和钻孔灌浆技术要求决定了所选钻机的类型和型号。地面上的钻探可能需要履带式钻机、汽车式钻机或滑橇式钻机,陡峻坝肩上的钻探唯一可行的选择可能是采用与孔口管相连的支架钻机,也可以用其他适宜的钻具。有一种令人满意的多功能钻机,可进行麻花钻进、回转钻进和岩石取芯钻进。钻具的尺寸取决于孔深、孔径和地层类型,另外有可能需要一套稳定外伸支架,可视性好的集中操作台。平硐、隧洞、竖井、廊道或地下构筑物中的钻进通常采用小型、质量轻、紧凑型的钻机。地下钻进时选择钻机主要考虑的因素有快速钻杆连接、360度角钻进、自身拖拉和多种动力选择。各种钻进方法与设备的比较详见第4.4节。

6.2.2　冲击钻进

冲击钻进通过气动锤或液压锤来完成,常见的类型有手提钻、风钻和车钻,这类钻具本身包含一根空心钢钻杆,钻杆一端安装固定钻头或可拆卸钻头,另一端为手柄。

6.2.2.1　操作

冲击钻具用于岩石中的钻进。冲击钻进不可往复运动,手柄灵活地安装在机械前端的卡盘上,利用压缩空气或液压驱动的锤形活塞来击打它。单锤驱动钻进时,空气压缩机的容量必须能达到 $50 \sim 200 \, \text{ft}^3/\text{min}(1.4 \sim 5.6 \, \text{m}^3/\text{min})$,这取决于机缸的型号和所提供的空气压力。除锤撞击时产生轻微回弹外,钻头与孔底部的岩石一直保持紧密接触。钻机配有使钢钻杆在两次锤击之间发生旋转的机械装置。水或空气通过机械和下至孔底的空心钻杆,将切割下的岩屑或岩粉冲起,然后沿钻孔送至地面。对灌浆孔而言,有时用水作为介质更好些,但不是强制的,有些情况下,用空气也可取得更令人满意的结果。手提钻仅适用于浅层钻探,由于其质量轻,一般用手进行定位操作。风钻类钻机配有三脚架、杆支架或钻车。现有比较经济的车钻由装置在导向杆上的钻头组成,导向杆固定在轨道上,其底盘为轮式或滑道式。

6.2.2.2　适用范围

一般来说,冲击钻进可用于灌浆孔钻进,也是最经济的浅孔成孔方法,这一优势随钻孔深度的增加而降低。钻进过程中,随着钻头两翼或底部的磨损,钻孔孔径逐渐变小,因此对于钻孔孔径是影响因素的项目,合同条款中就必须说明可接受的最小孔径,并提供检查孔径的方法。

6.2.2.3　冲击锤

在岩石类地层中的钻进,大多数采用气动式自由落体锤。大部分转动缓慢、供给缓慢且可严格控制的钻机均使用冲击锤。锤的排气孔在钻孔孔底释放气体,气体将岩粉冲起并冷却钻头。这种锤在岩槽或坚硬岩的爆破钻孔中经常采用。

6.2.3　回转钻进

回转钻进成孔是将钻头连接在一根可旋转的空心钻杆上来完成的。钻杆由发动机驱动,转速为 200 ~ 3 000 r/min,甚至更快。采用液压力或机械压力对钻头加压,水通过钻杆压入孔内将岩粉冲洗出来。钻机有小型、轻型钻机,只能钻几百英尺深的孔;也有大型钻机,可钻几千米深的孔。灌浆孔的钻进通常采用小型钻机,也便于搬运。钻头根据地质条件的不同可选取不同的类型,部分常用的钻头类型描述如下。

6.2.3.1　金刚石钻头

金刚石钻头有取芯型,也有全断面型。镶满金刚石的钻头可切割岩石,通过经钻杆泵入的水或压缩空气来冷却钻头,不停地洗孔。

1. 取芯型

取芯型钻头由一空心钢管组成,其末端镶满金刚石。钻头安装在空心钢管(岩芯管)的末端,钻头紧压在岩石上,岩芯管高速旋转,使金刚石在岩石中切割出一条环形槽。槽内的岩石进入到取芯管中形成岩芯。

2. 全断面型

有两种通用的全断面型钻头,一种为凹型,其头部朝中间凹;另一种为导向型,有一个可伸缩的圆形构件,其尺寸比钻头小。非取芯(全断面型)金刚石钻头广泛用于基础灌浆中,不过在非常坚硬的地基或很破碎的岩石中钻进时,采用全断面型钻头耗费金刚石量大,钻进费用比取芯型高,主要是因为全断面型钻头仅产生岩粉,与大部分岩石以岩芯取出的取芯钻进相比,完成同样进尺需要更多的金刚石。在破碎岩石中钻进时,经常会发生一两个金刚石从非取芯钻头的中心掉出,致使无法继续钻进。但当采用钢丝绳时,因全断面型钻头钻进无须提钻取芯或清洗被堵塞的钻头而更节省时间;对钻孔孔而言,采用全断面型钻头钻进可能会比采用取芯型钻头节省一些费用。一种采用多晶金刚石胚料制成的钻头,经实践证实钻进效率很好,据报道,其钻进速度为现有硬质合金钻头和表面镶金刚石钻头速度的 2 ~ 3 倍。

3. 规格尺寸

金刚石钻头的尺寸是标准的,一般用符号 EW、AW、BW 及 NW 表示,相应的钻孔和岩芯尺寸见表 6-1。大部分灌浆孔的孔径为 EW 或 AW。

表 6-1 金刚石钻头尺寸表示符号及相应的钻孔和岩芯尺寸

代码	钻孔(in)	岩芯(in)	钻孔(mm)	岩芯(mm)
EW	$1\frac{31}{64}$	$\frac{27}{32}$	37.7	21.5
AW	$1\frac{57}{64}$	$1\frac{3}{16}$	48.0	30.1
BW	$2\frac{23}{64}$	$1\frac{21}{32}$	60.0	42.0
NW	$2\frac{63}{64}$	$2\frac{5}{32}$	75.7	54.7

当采用绳索取芯时,钻孔孔径与表 6-1 相同,但岩芯尺寸不一样,如表 6-2 所示。

表 6-2 采用绳索取芯时,金刚石钻头表示符号及相应的钻孔和岩芯尺寸

代码	钻孔(in)	岩芯(in)	钻孔(mm)	岩芯(mm)
AW	$1\frac{57}{64}$	$1\frac{1}{16}$	48.0	27.0
BW	$2\frac{23}{64}$	$1\frac{7}{16}$	60.0	36.5
NW	$2\frac{63}{64}$	$1\frac{7}{8}$	75.7	47.6

6.2.3.2 硬质合金钻头

由于金刚石较昂贵,可在岩芯管口镶焊锯齿状硬合金钢来取代。在软岩中,这种钻头比金刚石钻头更不易堵塞,进尺更快,也更便宜。通常在这类钻头的齿牙表面镀一种钨合金或是一种可替换的硬合金镶铸块,焊接在钻头孔槽空缺处。硬合金也能制作成非取芯钻头。

6.2.3.3 滚轴凿岩钻头(牙轮钻头)

类似于金刚石钻头,凿岩钻头安装在空心钻杆的底部。钻头由锯齿状的滚齿或锥齿组成,随着钻杆旋转而在岩石上转动或滚动。通过碾压、破碎来刻取岩石。齿轮的形状、角度和数量,滚齿的数量是可变的,大多数钻头有 3~4 个滚齿或锥齿,部分钻头为 2 个。由于磨损,钻头的滚齿和其他部件都由硬合金构成。通过钻杆导入的循环水或泥浆将岩粉从钻杆与孔壁之间冲出。由于其最小成孔孔径与 NW 金刚石接近,滚轴凿岩钻头在灌浆孔的钻进中应用不是很广泛。

6.2.3.4 切削型和鱼尾型钻头(刮刀钻头)

切削型钻头,常用在回转钻进中。该钻头适用于软岩和大多数的土层,广泛用于地基勘探和灌浆孔钻进。鱼尾型钻头的名称是根据其形状像鱼尾而得,单刃钻头分叉尾端的弯曲方向与旋转方向相反。其他切削型钻头有 3 片或 4 片切片,有的可以替换,有的不能替换。切割头或刀片的切割边缘是由硬质钢制成或表层为硬合金。这种钻头几乎有所需

的各种型号。

6.2.3.5　小结

各种钻头的适用范围如表 6-3 所示。

表 6-3　各种钻头的适用范围

钻头类型	常用范围	不适用范围
金刚石取芯型	岩石和混凝土	未固结土体
全断面型	岩石	非常硬的岩石,非常软的岩石,未固结土体,破碎的岩石
硬质合金	软岩、坚硬黏土和胶结的土体	硬岩和未固结土体
牙轮钻头	岩石	未固结土体和很硬的岩石
刮刀钻头	软岩和土	硬岩
冲击钻进	岩石和混凝土	未固结土体

6.2.4　螺旋钻机

螺旋钻机,由短的螺旋形钻具或带连续螺旋槽的钻杆驱动。螺旋形钻具在一根转轴上运行,并作为清除岩粉的平台。钻杆呈螺旋传输,将螺旋钻头产生的岩粉排出,也叫连续钻进螺旋钻。螺旋钻头用硬钢制成或末端为钨合金切割齿。较大型号的连续钻进螺旋钻机配有空心钻管/杆,可由此将浆液灌入。螺旋钻机适用于孔深不超过 100 m 的土层或极软岩中进行的钻进。

6.2.5　灌浆泵

输送浆液的灌浆泵,现有各种型号、不同厂家制造的泵。灌浆泵按驱动方式划分,有气动型、油动型和电动型。气动泵在灌浆中最常用,可提供不同的速度。恒定速度的泵为电驱动或内燃机驱动。选择灌浆泵时要仔细考虑,并预留一定的机动性,以确保能严格控制泵入压力和浆液注入率,并在灌浆操作时易于快速保养维修。绝大多数工程要求选取脉动最小或非脉动型的灌浆泵,避免将脉动效果传至软管、管线、钻杆或在往复活塞泵每个冲程结束时传到灌浆孔上。气动或电动泵最适合用于竖井、隧洞、筒仓或其他类似的地下工程中,所有灌浆作业都必须配备备用泵和配件。

6.2.5.1　直线泥浆泵

直线泥浆泵在吸入阀门正上方有一排泄阀,这种布置有利于快速取出阀门进行清洗或故障排除,但是两个阀门不能互换。

6.2.5.2　侧罐式深井泵

侧罐式深井泵,每一个活塞都在一个单独的室或缸中,有单独的盖板,这样吸水阀的拆除可以不影响排气阀的运作。但采用砂浆时,必须经常清除汇集在缸底部的水泥和砂子。

6.2.5.3　分离式流态汽缸阀罐泵

阀罐式泵比直线泵略重,性能相当。这种泵可在内部变换阀和底座,易清除残留液体。

6.2.5.4　改进的空腔泵

Moyno 和 Roper 空腔泵是目前最常用的灌浆泵之一。这类泵主要包含有一根带有螺旋形的硬钢旋转轴,螺旋形的定子旋转而促使浆液流动。大型号泵可通过 $1\frac{1}{8}$ in 的颗粒。这种泵无阀、构件少,相对而言不易出故障。改进的空腔泵产生的压力可达 1 000 lb/in^2(6.9 MPa),最大出浆量近 200 gal/min(760 L/min)。这种泵可通过更换定子的衬垫以适用于磨损强烈的浆液、化学浆液和石油产品。这种泵不会产生震动,可用于泵送不同浓度的浆液。大型号泵有时用于泵送含有钢纤维的砂浆。开喉式泵最适用于泵送加充填料的浆液。

6.2.5.5　离心泵

离心泵有时用于泵送流动性高的砂浆和不加砂的水泥浆。这类泵分不同的型号和牌子,能在低压下泵入大量浆液。由于磨损,一些品牌的离心泵的叶轮轴的轴承和密封条需要经常更换。

6.2.6　混凝土泵

当砂浆和不加砂的水泥浆浓度达到中等至接近最小流动性时,偶尔采用混凝土泵。接近最小流动性的浆液常描述为浓稠状或标准坍落度值为 4 ~ 8 in。混凝土泵易于泵送骨料直径达 1 in 的浆液,也可用于泵送含钢纤维的浆液。这种泵在装料斗的底部安装有往复式活塞,通过一变直径接头直接将浆液送入 4 in 或更大口径的钢管中,一般采用卡车或拖车牵引,以汽油为动力。混凝土泵不适用于要求严格控制压力的灌浆,主要用于大孔洞的填充,或当孔洞内有水时用于将浆液送至导管中。

6.2.7　浆液搅拌机

选择搅拌机,首先要考虑的是确保其容量能满足需要,并能在规定时间内拌和出均匀的浆液。

6.2.7.1　桶式搅拌机

拌和容量及叶片排列可调的桶式搅拌机最常用。一般为气动,由安装在垂直轴上的水平叶片来搅拌。搅拌器可单独使用,但是更常用的是将 2 个或 2 个以上桶串联或并联。桨板按一定斜度布置,从而使浆液流向桶的下部出口处,出口处有一个与石油阀或其他类似种类的快开阀将浆液引向泥浆泵。这类搅拌机的设计拌和量很少超过 1/2 yd^3(0.38 m^3)。在大多数灌浆中,常用桶的容量是 14 ~ 15 ft^3(0.39 ~ 0.42 m^3)。桶式搅拌机的显著特点是易于装料、观察和清洗。

6.2.7.2　卧筒式拌和机(带式和叶板式)

需要中等 ~ 大量浆液的灌浆作业经常采用长度与直径之比为 2:1 ~ 4:1,拌和容量约 8 yd^3(6.12 m^3)的卧筒式拌和机。将筒安装在带有驱动轴的水平向传动轴上,其长轴方向的中心线与驱动轴中心线重合,并由安装在钢轮毂中的轴承座来支撑。驱动轴上的桨片按选定的间隔与轴垂直布置,或沿筒的内壁安装金属片或连续的螺旋条,由驱动轴上的一系列支撑固定。这类搅拌机的一端顶部有一个装料斜道,另一端靠近底部有一个卸料阀,通常为气动,但有一部分是采用汽车驱动轴承。

6.2.7.3 高速胶体搅拌机

现有的胶体搅拌机为单筒型和双筒型。拌和时,利用离心泵在筒内高速搅拌具高流动性的混合物。这类搅拌机优于低速机械搅拌机,能够拌出灌入性和可泵入性更好的均匀浆液。这种搅拌机能够将水泥团分散,将颗粒破碎并明显磨圆,使浆液有可能被灌入较紧闭的裂隙中。膨润土的拌和水化需要采用胶体搅拌机,膨润土不能直接掺入,必须先在一个单独的搅拌器中拌和并充分水化,膨润土搅拌器不能被水泥污染,否则水泥将减弱其膨胀特性,从而减弱膨润土的稳定性能。膨润土在胶体搅拌机中可在 1 min 之内水化,而在低速搅拌机中则需要近 24 h。

6.2.7.4 翻斗式混凝土搅拌机

翻斗式混凝土搅拌机有时用作浆液搅拌机,但是由于其每分钟的转速过慢,对拌和物不具有剪切作用,导致搅拌效率降低。为了尽可能地解决这个问题,用这种搅拌机来拌和浆液时,拌和物体积不要超过拌和筒额定容积的一半。这类搅拌机的主要优点是拌和容量可达 12 yd³,故一次能拌和大量的浆液。

6.2.7.5 喷射搅拌设备

喷射搅拌设备比大多数搅拌机械的搅拌效率要低一些。这类设备顶部安装有一个大的金属漏斗,并用一根金属水管与之相连。将干的散装水泥或干的其他浆液拌和物通过一个挡板阀装入漏斗并连续计量,同时从漏斗口下的管道送入连续计量的加压拌和水,发生剪切和剧烈搅拌作用。拌和后的浆液射入贮存池,进行比重、流动性量测,并可根据需要调整水灰比。配合调整完成后,通过大容量吸浆泵将浆液吸入并传输给喷浆泵,利用该方法可快速地注入大量浆液。该设备有时用于灌注速凝浆液,不过系统中无贮存桶,控制等级由"T"抽样器来协调。

6.2.7.6 压缩空气式罐内搅拌机

压缩空气式罐内搅拌机偶尔用于精确的分批处理及拌和,这类搅拌机的容量为数立方英尺至 500 in³,干拌和材料从罐侧壁上位于水位以下的管口装入,空气和水从一垂直接口装入罐内,从罐底锥形口排放出拌和好的浆液。

6.2.8 搅拌贮存桶

为了能不间断、大量地灌注浆液,通常采用两台搅拌机交替向一台搅拌贮存桶排放浆液,贮存桶的容量至少是拌和系统容积的 2 倍,最好达 3 倍,贮存桶经常与低速桶式或卧式搅拌机配合使用。搅拌贮存桶的设计形式与桶式搅拌机相似,可通过桶内标注的刻度读出浆液的使用量。

6.2.9 灌浆管路

从灌浆泵到钻孔的送浆管路主要有两种布置方式。较简单的一种是单管系统,用一条管路来输送不同的浆液,该系统由一条导管或软管或两者的组合构成,将浆液从灌浆泵送到钻孔孔口处的孔口装置,通过灌浆泵的运转速度来控制浆液的注入速率。第二种布置方式为一套可循环系统,由两条管道组成,其中一条管道作为回浆管,将浆液从钻孔返回到灌浆泵、泥浆池或贮存罐,使浆液在送浆管与灌浆泵之间连续循环。双管道系统也可用于在保持灌浆泵运转速度不变的情况下,通过简单地调节回浆管上的阀门来控制注浆量,灌浆压力可由控制管上的一个或多个阀门来调节。地基灌浆一般要求采用循环灌浆。

(1)柔韧型的进、排浆软管最常用,一般由强化橡胶或塑料制成。灌浆最常用的软管内径为 1~2 in。所用软管内径越大,工作压力越小。选择管线时,应注意其工作压力必须小于不同温度下灌浆管能承受的预估最大压力且留有足够的安全量,严禁使用破损的灌浆管。

(2)当泵站与一排灌浆孔的距离较远时,有时采用黑铁管作为输浆管。钢管管径至少是柔韧软管管径的 1.5 倍,且不能有任何突然的弯曲或变径。

6.2.10　孔口装置

孔口装置的作用是使浆液通过下至灌浆段的注浆管注入,并使其在表部连续循环;孔口装置也可配合下至灌浆段的注浆管注入浆液,并使浆液返回到管路与孔壁之间的环状空隙中。

6.2.11　阀门

管路和孔口装置系统上的阀门必须是速开型,易调节,且不易腐蚀和磨损,同时能精确控制各个部位的压力。当阀门处于全开位置时,不能对浆液的流动产生阻碍。实践证明,膜片式阀门比较好用。灌浆管上还应该安装卸压阀,以防万一。

6.2.12　栓塞

压力灌浆中,当需要对地基某一段进行灌浆、隔离渗漏段、隔离灌浆段、对狭槽或套管孔灌浆,或与地表连接时,一般需要使用栓塞。以下列举了三种最常用的栓塞。

6.2.12.1　**杯状可拆卸皮栓塞**

杯状可拆卸皮栓塞最适合用于孔壁较光滑,孔径合适的中硬~硬岩类的钻孔中。栓塞装在一根导管上放入孔中,若安装正确,栓塞能够承受高达 1 000 lb/in² 的压力。

6.2.12.2　**机械栓塞**

机械栓塞是一种膨胀类栓塞。当钻孔孔壁粗糙或孔径过大时,往往很难密封,且容易在岩体较破碎的孔段发生绕塞渗漏现象。当栓塞的安装和膨胀恰当,且密封处岩石质量好时,机械栓塞亦可承受近 1 000 lb/in² 的压力。这类栓塞广泛应用于各种软~硬岩组成的岩石地层中。

6.2.12.3　**气压栓塞**

气压栓塞由于其膨胀性大可用于超径孔。例如,若钻孔条件较好,尺寸为 EM 的栓塞能密封直径达 3 in 或 4 in 的钻孔或套管。这类栓塞适用于软弱、破碎、薄层状的岩体。浆液的灌入压力应当小于栓塞的膨胀压力以防止出现绕渗现象。

6.2.13 定心装置

有时需要用定心装置来将套管或注浆管放置在钻孔的中心部位,特别是当套管或注浆管是地下永久装置的组成部分时。带有环的组合板簧可用作定心装置,可在套管或注浆管周围形成一个均匀的环面,然后对环面进行灌浆。定心装置可协助套管和注浆管穿过不规则段和弯曲段。市场上出售的定心装置带有接头管,以便将之与套管或注浆管装配在一起。

6.2.14 管塞

特殊灌浆中,为了将量好的浆液注入孔内,需要使用这种管塞。在塞的顶部固定有一个钢球,通过作用在钢球上的液压,将带有一系列橡胶圆盘的硬橡胶塞压入钢管内。钢球和塞子压入到浆液中或定位于连接在钻管底部的管塞接收器中。

6.2.15 沥青灌浆设备

承包商通常使用便携式沥青加热罐来进行公路裂缝封堵、屋顶防渗处理及其他类似工程,这种加热设备用于沥青灌浆效果较好,但加热温度必须控制在沥青的燃点以下。可用带球阀的循环泵、1 in 锅炉式活塞泵和齿轮泵,通过 $1 \sim 2$ in 的黑铁管泵入热沥青。通用的水泥灌浆设备可用于灌入沥青乳液。

6.2.16 化学灌浆设备

化学灌浆的拌和、灌入设备一般根据情况定制。当一次投料能满足工作需要时,许多过程可采用常规的灌浆设备。调配含两种或两种以上成分的浆液,一般建议采用严格的配比控制系统,有关化学灌浆设备的详细描述见 EM1110 – 2 – 3504。

6.2.17 大容量拌和泵入系统

20 世纪中叶,专用的灌浆设备、材料和技术取得了显著的发展,出现了采用大容量、不间断的拌和泵入系统的灌浆。一台泵入系统每小时可拌和泵入约 35 yd^3,压力可达 20 000 lb/in^2。大容量拌和泵入系统主要为适应能源工程、大规模地基、深埋建筑物,以及规模和复杂程度与之相当的其他灌浆处理的发展要求而研发的。这类灌浆处理所用的很多设备是可移动的,一部分装配滑道,另一部分装配驳船。专门生产大规模灌浆设备的公司和油井处理公司向全世界提供这类大型的灌浆设备。

6.2.18 漏斗管设备

管路中的直径为几英寸至大于或等于 6 in,长度为几英尺至需要的长度的钢构件,构成了用于重力灌浆的漏斗管系统的主要配件。一般用接头管灵活地将各构件首尾相连而形成一条连续且具一定伸缩性的管线,漏斗设备构件的顶部安装有集料漏斗或斜道,其排放口应置于灌浆点的上方。

6.2.19　套管

灌浆中常用的套管为钢管或塑料管,孔内下套管的目的有防止塌孔,防止松散岩石、气体或液体进入或防止循环液渗漏进入透水层中。含花管的套管也可以用来隔离灌浆段。有关下套管方面的详细资料见 EM11140-2-1907 和 EM1110-2-3504。

6.2.20　压水试验设备

压水试验所需设备主要有单栓塞或双栓塞、水表、一台非脉动型水泵、压力表、一套与孔口或孔底相连的适宜的管路或底座及一块秒表。由于水表和压力表的精度会影响试验成果的分析,在使用前必须进行检验。

6.2.21　仪表

采用体积量测仪表可准确且快捷地控制浆液中水的含量。这些仪表度量单位有的是加仑,有的是立方英尺,一般最小刻度为四分之一加仑或十分之一立方英尺。使用前必须检查仪表的精度,若有必要应进行校正。浆液注入量量测仪表包括简单的竖标杆、安装在搅拌机或拌和卡车上的测杆,或安装在管路上的标有刻度的转盘、由齿轮制动的计数器或条带记录器。这种仪表的计量单位可设计成桶、立方英尺、加仑或这些度量单位的分数。

6.2.22　压力表

(1)实际上,压力表对所有灌浆和压水试验来说都很重要,因此压力表一定要可靠。若压力表失灵,过高的压力会损坏建筑物和岩层。压力表使用前应进行准确度检测,使用期间也应定期检测。压力表可移动的部分应避免与粉尘和砂子接触,也不要直接接触浆液。

(2)市场上出售的压力表有隔膜,能起必要的保护作用。

6.3　专门的监测设备

实际上,建筑物的尺寸是可以精确量测的,但是建筑物的地基只能从总体上进行描述。灌浆过程中,有可能需要对地基中浆液的质量、位置、扩散范围及结石的性状进行连续的监测,以下描述了常用的一些监测方法。

6.3.1　浆液入渗探测设备

某些情况下,例如当建筑物以下的被灌孔隙必须完全充填结石时,对地下浆液的灌入情况和灌入程度进行监测是很重要的。这类监测可在灌浆孔周围布置一排辅助孔,在其内布置浆液灌入度探测系统来进行监测,其探测仪上带有电子读数器。探测仪一般带有电极偶,可测出新结石的电容或电阻。在放置之前,将这些探测仪在空气、水、泥、稀释浆液和设计浆液中进行校准。有了这些资料,利用该系统可查明灌入浆液的质量和纵横向分布范围。这些资料也可为调整灌入浆液提供相关信息,如加快或减缓浆液凝固、提高或降低浆液密度、加入流失的循环物质和加入示踪剂。可通过打印机或示波镜进行远程记录。在 WES MP SL - 79 - 23(附件 A)中有一个探测实例。

6.3.2　孔内温度量测

灌浆区的温度场分布对评估温度对浆液凝固时间的影响很有用。水泥水化热或者化学浆液中催化剂类的反应会导致温度升高,因此可以通过预埋热耦或电热调节器显示浆液的存在。

6.3.3　孔内取样器

可提取深达几百英尺的浆液取样器可描述为小型下开口取样筒,其工作原理与旧式水井取水器相同,由一根长 1 ~ 2 ft、直径约 3 in 的金属管组成。取样器上一根线用于升降,另一根线用于操作取样筒底部的阀门。

6.3.4　示踪剂

带颜色的示踪剂放入水中和浆液中有助于查明地下水或浆液的流动范围,常用在硅酸盐水泥浆液中作为示踪剂的颜料主要为细磨氧化铁和铬,具明显的颜色变化。一袋水泥中加入 5 ~ 10 lb(2.27 ~ 4.54 kg)的这类颜料,一般足可以产生明显的颜色。其他染料有荧光素和若丹明。化学浆液所用的染料因其种类和浓度都是专用的,故应与生产商联系确定。

6.3.5　漏斗式黏度计

黏度量测可在室内和野外进行,通过测定一定量的浆液通过标准漏斗所需要的时间来确定浆液的流动性。试验方法见 CRD - C 611。

6.3.6　浆液称重秤

浆液的容重可用 API 许可的标准泥浆秤,或者用一个精确校准过的容重计,体积为 0.25 ~ 1.0 ft^3,具有 0.1 lb 的分刻度,至少可称重 250 lb。

6.3.7　比重计

比重计是一种很有用的工具,在大规模连续灌浆中经常用来测量和控制浆液的密度。这类仪器一般为内嵌式,安装在地表循环系统的前方来调整浆液的浓度。仪器工作原理不太一样,有的是压力平衡式 U 形管,有的是由一放射源来控制,两者均配有远程连续读数器。

6.3.8　坍落度筒

极浓浆的稠度可用坍落度来量测。坍落度筒为一个金属圆锥体,底部 8 in,顶部 4 in,高 12 in。在锥中放入三层相等高度的浆液,每一层击 25 次,垂直移动锥体,圆锥顶至浆液顶之间的距离为浆液的坍落度,测试方法见 CRD - C 5。

6.3.9 气体含量量测

量测硅酸盐水泥浆液中气体含量的方法有五种:重量分析、高压、显微、挤压和测定体积,试验方法分别详见 CRD – C 7、CRD – C 83、CRD – C 42、CRD – C 41 和 CRD – C 8。其中,CRD – C 7、CRD – C 41 和 CRD – C 8 适用于测定新拌和浆液,CRD – C 83 – 58 和 CRD – C 42 – 83适用于量测硬化浆液中的气体含量,一般在室内进行。

6.3.10 凝固时间量测

硅酸盐水泥浆液的初凝时间和终凝时间用一种叫作维卡仪的机械设备来量测,在一杯状容器中放入浆液样品,用一硬针来刺测,以某一针入度或无针入度所需的时间来衡量,可在室内或野外进行,试验方法描述详见 CRD – C 614。

第 7 章　灌浆在水工建筑物中的应用

7.1　混凝土坝

7.1.1　灌浆准备

（1）混凝土建筑物地基开挖必须严格控制，以免破坏岩土体。接近建基面时，须采取措施以免爆破对地基产生破坏，从而尽量减少地基处理的工作量。若地基需要进行固结灌浆，则应在最终清基之前完成，同时清洗、封堵地基中所有的勘探孔。岩石表面必须清理干净，以便观察漏、冒浆情况并及时封堵。

（2）在有些情况下，当地基中存在张开的结构面时，可行的方案是在混凝土浇筑前，将管路埋入结构面并与灌浆廊道连接。通常至少设置两条管路，其中一条用于灌浆过程中的回浆，并作为检查管。大的溶洞必须清理，并用混凝土回填，或先用砂砾石回填，然后进行灌浆，需要增加管路连接到廊道以备将来灌浆。混凝土浇筑前，必须设置灌浆管路和排水管路，并与廊道排水沟连接。

（3）暴露后易恶化的岩石，需要在规定的时间内对开挖面采取保护措施。

7.1.2　灌浆布置

一定规模的混凝土坝，坝基灌浆帷幕的典型剖面和断面如图 7-1 所示。图中标注的钻孔尺寸、孔距及操作顺序不可能适用于所有的混凝土坝坝基灌浆，但可作为一种通用的模式。从非灌浆区至多排帷幕和灌浆处理区（图 7-1 中的 B 钻孔）的范围，可根据具体的工程条件进行调整。图 7-1 中的 C 钻孔灌浆是为了避免浆液向坝上游方向扩散太远，并大量减少浆液沿水平结构面的渗漏。为降低扬压力或创造无水的工作环境，厂房和船闸建筑物下面也经常进行灌浆处理，在这两种情况下，通常一道灌浆帷幕加上排水系统就能满足要求。

7.1.3　灌浆时间安排

在施工阶段，何时进行地基灌浆取决于灌浆目的、地基条件和建筑物的类型。区域灌浆一般在混凝土浇筑前进行；而帷幕灌浆或用于防渗或控制扬压力的灌浆一般在混凝土浇筑到一定高度后或在建筑物竣工后再进行，这对高大建筑物来说特别实用，因为增加荷载后，能够允许采用比混凝土未浇筑前高得多的灌浆压力，但灌浆应在水库蓄水前进行，以免灌浆时承受库水头压力或处于高速地下水流环境中。

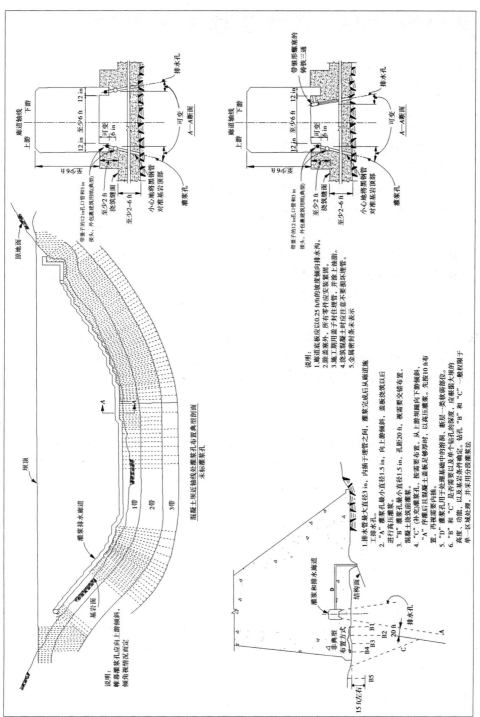

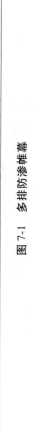

图 7-1 多排防渗帷幕

7.1.4　灌浆和排水廊道

（1）较大型的大坝设计中，一般有帷幕灌浆廊道，廊道为钻进和灌浆提供通道和工作面，使之不影响或干扰其他施工工作。在工程运行期需要补充灌浆时，廊道也可以作为通道。通向廊道的交通洞设计要适合于灌浆设备的进出。

（2）沿灌浆孔布置线在廊道上游壁布置排水沟的目的是：

①带走钻孔回水和钻进过程中产生的岩粉。

②带走冲洗水和灌浆过程中产生的弃浆。

③汇集一般沿单条节理渗流出来的水。

④允许在大坝运行期，对每一个排水孔的流量进行直观的观测。

也经常沿廊道下游壁布置排水沟，其优点是：

①排水管靠近此排水沟，缩短横向排水管长度，易于使其保持干净。

②可测出每一个排水孔的流量，而上游壁的排水沟会汇集节理中渗出的水。坝体中可安装地基渗流监测装置。排水沟应当宽而浅，满足管道布置所需的最大角度。廊道底板应尽可能地接近岩石表面，节省穿混凝土的埋管量或钻探量，尽量在低处释放扬压力，但廊道底板应与浇筑水平缝错开。为了最大限度地减少总的扬压力，廊道应布置在靠近大坝上游侧。

（3）许多船闸建筑物也采用类似于图 7-1 的廊道来完成灌浆。当船闸规模不够提供设置灌浆廊道所需的空间时，可用船闸的进水管路和排水管路来代替廊道。在任何情况下，最好延迟灌浆操作直至混凝土已浇筑到一定高度。

（4）没有为灌浆孔钻进预留通道会严重影响灌浆帷幕的施工质量。曾尝试过不用廊道作为灌浆孔的通道，但是，最有效的途径，通常也容易实施的方案，仍然是在靠近建基面附近布置一条廊道，在廊道中进行主要的帷幕灌浆和排水作业。廊道以下的混凝土结构设计应该考虑灌浆孔孔距加密问题。

7.1.5　埋管

（1）在廊道或混凝土面进行的灌浆，需要通过埋管来钻进或钻穿混凝土，后者会损坏钻进所遇到的加固钢筋，而埋管方式在混凝土浇筑之前，可以调整管底布置位置，使之穿过开挖面上见到的破裂面等被灌对象，宜采用埋管方式。图 7-1 中的 *A—A* 剖面示意了在廊道中进行钻进和灌浆时所采用埋管的尺寸和布置形式。

（2）尽管 1/4 in 的口径能满足金刚石钻进所需的空间，但由于在混凝土浇筑时，有可能会弄弯埋管或造成其他破坏，建议在混凝土中预埋灌浆管的直径不小于 2.5 in。管径过大会导致钻杆因无支承而"抖动"，从而引起钻头"吱吱"作响。钻进过程中，当冲洗液从灌浆孔流向较大直径的管中时，冲洗液的流速降低会导致岩粉在管底堆积，停钻和关闭冲洗水时，岩粉有可能落回孔内。众所周知，岩粉会影响钻杆在孔中的移动，导致提钻困难。分段灌浆操作中，埋管的直径越大，对上一灌浆段进行重复钻孔时，再次下钻时与上一次钻进重合的概率就越小，这样重新钻进时钻的是岩石而不是结石的可能性就越大。可在预埋的大直径埋管中套装上直径小一些的管子作为钻进的导向管。预埋大直径管的另一个缺点是费用会更高。

（3）在混凝土中埋设导管时必须仔细，因为每一根管埋设的角度或方向决定了将来穿过该埋管的钻孔的方向。放管时即使小的偏差，到孔的下部偏差也将放大很多，特别是深孔，并会导致帷幕下部出现宽缝。混凝土浇筑时，为了确保埋管的准确性，必须将管的底部牢牢地固定。可将管埋入地基岩石中约 6 in，通过灌浆来固定；或将管的末端锚固在灌入地基的钢筋上。采用后一种方法埋管，管的末端不埋在地基中，允许对大坝与地基的接触面进行灌浆。管的下端用粗麻布包裹住以防浆液或混凝土进入管内，浇筑混凝土时还应该稳定住每一根埋管的管口，保持埋管孔口位置不变。

（4）如图 7-1、图 7-2 中所示，灌浆管顶部的 12 in 孔口管应当用建筑用纸或其他材料包裹上，以防黏结。然后在灌浆结束后，视需要再将孔口管移走并封孔。

（5）埋管需要考虑的因素包括设计钻孔的方向、角度和孔距。若有必要，可补充钻穿混凝土的加密孔。在陡峻的坝肩部位，为了对卸荷节理进行灌浆，可能需要布置水平孔或近水平孔。如图 7-1 所示，为了完全覆盖并与混凝土建筑物之外的灌浆孔相互搭接，坝肩部位的钻孔经常呈扇形布置。

7.2　土石坝

7.2.1　灌浆布置

土石坝灌浆的典型剖面和断面见图 7-2。其他指导见 EM1110-2-2300。

7.2.2　灌前准备

（1）规定必须对灌浆区及其各邻近区的岩石表面进行彻底清理。清理有利于基坑编录，及时对灌浆过程进行评估，并观测可能发生的冒浆现象，也有助于确定是否需要布置专门的灌浆孔来处理大的或特别的不连续面。应当注意的是，灌浆措施对处理风化、破碎、节理裂隙强烈发育或近水平的岩层效果不佳，因此应尽量将其清除。

（2）尽管冒浆能表明浆液在地基表面的分布情况，但这是一种浪费，且无法达到所需的压力。为了彻底处理上部的不利条件，可采用以下方法来控制冒浆：

①在灌浆前，考虑 EM1110-2-2300 中 4-2b 部分所述的岩基处理方法。

②基坑开挖时预留几英尺厚度，将孔口管或栓塞的底部安装在建基面高程处。灌浆完成后，将上部预留部分清除，清除时要小心，不要扰动灌浆岩体。这种方法有利于处理地基的上部浅层，并使其免遭灌浆设备的破坏。在灌浆帷幕上修筑临时盖板是基于同样的目的，但存在干扰清理冲洗作业，看不清冒、漏浆情况等缺点。

③在冒浆岩面塞上木楔、干水泥结石块、棉絮、粗麻布或其他材料以防止渗漏。

④向孔内泵入浓浆直到裂隙表面冒浆，停止灌浆，等到浆液充分凝固，能堵住渗漏通道再继续灌浆。当出现由于上一段裂缝重新张开、灌浆压力下降而影响下部下一个序次的灌浆效果时，可在上一个灌浆段的下部安装一个栓塞。在最后一个灌浆段灌完后，从孔口处的管接头开始全压灌浆。

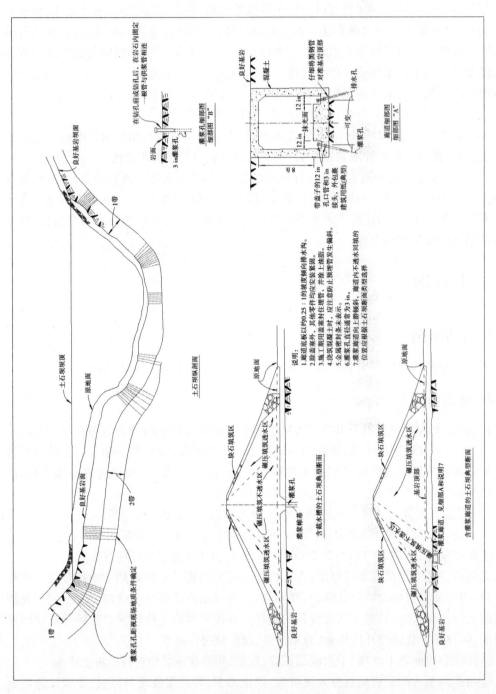

图 7-2 土石坝灌浆模式

⑤周边防渗并允许在浆液中加速凝剂。

⑥增加浅孔,进行表层灌浆。

7.2.3　灌浆孔接头

一般在孔的顶部安装孔口管或栓塞来进行灌浆,当岩石过软或过脆而无法固定时,孔口管可以埋在混凝土中。若预估可能出现孔口管松动的问题,则应在技术要求中规定使用栓塞。

7.2.4　区域/铺盖式/固结灌浆

上游坝基区域或整个防渗心墙与坝基的接触区域,经常采用孔深小于 30 ft,栅格状密集布置灌浆孔的模式进行灌浆。这种灌浆模式用于加固地质条件差的浅部坝基、处理开挖时发现的软弱带,能够更好地保护心墙,防止管涌发生。这种灌浆应在帷幕灌浆前完成,这样才能发挥浅部坝基提前处理的好处。

7.2.5　穿坝灌浆

对新建的土石坝来说,灌浆帷幕应在大坝修筑之前完成,原因如下:

(1)钻进中使用的冲洗液在水压作用下有可能压裂或冲蚀土石坝。

(2)若钻进采用空气作为介质,地下水位以下的空气将在孔中形成高压力差,这有可能造成钻孔坍塌或劈裂土石坝。

(3)冲洗和压水试验存在冲蚀坝体与坝基接触带的危险。

(4)无法观测浆液的灌入情况或是否存在需要进行特殊处理的部位。

(5)施工时由于钻进过程中的偏差,有可能没有达到设计的帷幕紧密程度。

(6)采用高的灌浆压力可能抬动或劈裂土石坝。

(7)通过坝基向下游方向扩散的浆液可能影响排水。

(8)穿坝灌浆的费用肯定会更高。钻穿已建坝体进行灌浆是一种补救措施,一般要求在坝体段下入套管,只能使用栓塞进行灌浆。

7.2.6　灌浆廊道和平硐

灌浆排水廊道在混凝土大坝中较常见,也可用于土石坝。美国陆军工程师团修建的大坝,在坝肩设有灌浆排水廊道。与基岩中的钢筋混凝土建筑物或在坝基、坝肩开挖的平硐一样,在土石坝堆筑之前完成平硐和廊道的开挖。如图 7-2 所示,设置灌浆廊道便于坝体的修筑和在土石坝施工期间或建成后进行灌浆,在土石坝中设置平硐、廊道的好处包括:

(1)土石坝施工与灌浆计划互不干扰。

(2)随着对坝基施加附加荷载,可采用较高的灌浆压力,同时可以避开大多数穿坝灌浆的缺点。

(3)平硐是很好的勘察手段,可得到岩体中处理对象(不连续面)的详细资料。

(4)廊道和平硐是水库蓄水期间或蓄水后通往坝基的通道,可设计补充灌浆,通过直接观测来评估灌浆效果。

（5）若在廊道和平硐中布置排水孔，灌浆帷幕下游的部分压力能得到释放。

（6）地基监测设施的出口可布置在廊道和平硐中，廊道和防渗心墙设计时必须考虑水库的全部水头压力在通过廊道处心墙后消散。

7.2.7 灌浆盖板

土坝工程灌浆处理时用混凝土盖板，特别是在软岩或岩石破碎的地段，目的是防止地面冒浆，固定孔口连接器。开挖一个覆盖所有灌浆布置线的坑槽，浇筑混凝土盖板，一般3~6 ft厚，但设有灌浆廊道时，其宽度与深度应满足廊道布置的要求，以备用来后期勘察与补灌。采用盖板的优点有：

（1）尽可能地减少地面冒浆。

（2）提供操作平台。

（3）混凝土盖板槽起到齿槽的作用，保护坝体，确保坝基上部的处理效果。

（4）使浆液沿水平方向扩散得更远，进而形成一个范围更广的灌浆区域。

（5）若不设盖板，则上部几英尺长的孔口管安装段则无法灌入浆液。

（6）不存在因放置孔口管而引起的问题（若孔口管是安置在混凝土中或施工完成后再钻）。

采用盖板的缺点有：

（1）看不清地面冒浆。

（2）盖板场地开挖时，会破坏岩石。

（3）可能发生的抬动或破裂，在混凝土中形成渗漏通道。

注意事项：采用盖板时，不允许在帷幕的上部段就明显地提高灌浆压力；盖板必须足够坚硬，能承受上部填筑、压实时产生的荷载。

7.2.8 坝肩灌浆

常规灌浆同样适用于坝肩灌浆。当灌浆孔的方向与相邻坝基处不同时，灌浆孔应该呈扇形布置或使相邻帷幕段互相交叠，确保灌浆帷幕的连续性。可在平硐中进行全部或部分的帷幕灌浆工作，通常费用较高但具备前文7.2.5部分所述的优点。在灌浆前，采用EM1110-2-2300中4-2c所列的处理措施进行处理，可以改善灌浆工作面的条件。

7.2.9 库岸灌浆

在特定的地质条件和工程运行状态下，可能存在库区渗漏问题并需要处理。狭窄山脊或岩溶地貌引起的渗漏会影响工程的经济效益和安全运行，并对工程区域的水文地质环境产生影响。在勘察设计阶段，必须查明是否存在这种可能，勘察方法包括库区测绘、钻探、详细地下水调查和抽（压）水试验。若认为有必要，应设计库岸灌浆，并作为大坝施工的一部分，将渗漏量减少至可接受程度。某些情况下，后期才能决定是否进行库岸灌浆。若渗漏通道已经确定，灌浆可作为一个可以接受的比较方案，在这种情况下，必须在水库周围按需要布置观测井进行监测。

7.2.10　爆破

　　灌浆后进行的爆破,必须特别注意控制爆破限制,可能有必要对爆破进行监控,确定每一项工程的界线。通常,在区域内所有的爆破均完成后,再进行灌浆。

第 8 章　灌浆在隧道、竖井和 地下硐室中的应用

8.1　概　述

该章节中所述的应用范围已扩展到土建工程。要求隔水或抗震的地下建筑物经常采用灌浆处理方式。

8.2　目　的

隧道、竖井、地下硐室灌浆的目的一般是加固围岩,避免建筑物承受下列情况:
(1)漏水。
(2)化学侵蚀。
(3)震动。
(4)不稳定。
(5)辐射(污物处理)。
(6)不均匀受力。

8.3　应　用

8.3.1　隧道处理

在隧道掘进或进入老隧道段时出现涌水或失稳情况下,需要进行压力灌浆,浆液一般采用硅酸盐水泥、化学材料或两者的混合物。

8.3.1.1　灌浆孔

钻孔应按最佳的切断岩体中的实测或推测裂隙、软弱带和破裂面方向布置,孔径变化范围为 AW(48 mm)~NW(75.7 mm)。一序孔按设计孔位钻进,孔口附近安装气塞或机械栓塞。对需要灌浆的区域进行压水试验,有时用染色水。压力表安装在孔口和水泵的出浆口上。灌入浆液并仔细监测吸浆量和压力。有时需要加密灌浆孔来进一步灌浆。浆液配比、压力、水泵功率、灌浆孔孔深、钻进和灌浆序次在现场确定。水呈线流的情况下,采用添加速凝剂的速凝浆液,有时添加一些填料,如粉末状玻璃纸、橡胶屑、锯末、棉籽壳屑和高密度粉末来完全密封或将渗流量降低至可接受程度。化学灌浆因其凝固时间可控也很有效,在大坝工程中防渗方面的应用见 5.5 节中所述,相关的讨论见 EM1110-2-2901。

8.3.1.2　设备

标准的钻进和灌浆设备必须是常用于地下工程的电动型或气动型设备,要求设备结实耐用、轻便。指挥部与泵站之间一般需要通过电话保持联系。

8.3.2　竖井处理

在竖井开挖前,常采用环状灌浆来封堵透水、含水层或裂隙发育的岩层。一般采用沿拟开挖竖井周边布置一系列的斜孔和直孔的形式进行处理。这类灌浆可能采用硅酸盐水泥与化学浆液的混合物。假定所用浆液跟水一样或差不多一样容易泵入,在浆液灌入前,先进行压水试验来确定吸浆量和化学浆液的凝固时间。在一序孔灌浆完成后,可能还要进行二序孔或三序孔灌浆。有可能在一个或几个环内需要进行孔间加密,以形成一个环状帷幕。随着竖井向下开挖,若出现竖井下部的渗透性仍不理想,则需要从竖井内部进行补充灌浆。

8.3.3　衬砌灌浆

隧洞或竖井一般采用混凝土衬砌,也可采用钢衬砌,一般在衬砌完工后再进行衬砌灌浆。对衬砌与围岩之间的空隙进行的灌浆称为回填灌浆,常用硅酸盐水泥浆液。对隧洞而言,回填灌浆自衬砌仰拱开始逐渐向上,注入点上部的钻孔作为排气口并观测灌浆情况,最后也可用作灌浆孔。隧洞拱顶接触区的回填灌浆,要求保持压力不变直至浆液硬化,以确保浆液结石与拱顶衬砌密贴。在回填灌浆浆液硬化之后,常用膨胀水泥浆液对顶拱处进行接触灌浆。对于竖井衬砌,采用沿径向布置一系列灌浆孔,从竖井内部进行灌浆。灌浆孔的孔距与序次可变,但一般采用二序孔加密法,并严格控制以低~中等压力将浆液灌入到衬砌后。

8.3.4　固结灌浆

当隧道或地下硐室的开挖导致围岩松动,或在衬砌之前围岩就已经发生了少量的变形时,就可能有必要加固围岩,填充张开的节理和裂隙。在这种情况下,灌浆孔可以钻穿衬砌至受扰动的围岩处,按上述章节中所描述的灌浆方法进行灌浆。

8.3.5　永久排水孔

钻永久排水孔的目的是拦截渗流,释放扬压力和静水压力。在区内所有的灌浆工作完成后再开钻排水孔。大多数情况下,采用 3 in 孔径就能够满足,排水孔间距为几英尺至 20 ft,主要取决于排水区的渗透性,对于渗透性小的区域,采取小的钻孔间距。

第 9 章 灌浆在通航建筑物中的应用

9.1 概 述

为了改善地基条件或减少渗漏量和降低扬压力,通常在通航建筑物施工前或施工期间进行灌浆。即使完工后,底板或基础以下和边墙的修补也可能需要进行补救性的灌浆。地基部位的灌浆与第 7 章中描述的坝基灌浆类似。

9.2 地基处理

对于作为建筑物地基的岩土体,为满足强度和渗透性要求,可能需要在施工前进行处理或在施工后进行补救工作,这种处理既可以针对永久性工程,也可以针对围堰等临时性工程。地基处理可采用不同类型的处理方式,包括注入水泥浆、化学浆液或两者的混合物。地基处理时,建议通过室内试验对拟采用的材料进行评估,并进行现场灌浆试验和在灌浆区取芯检查。处理建筑物地基遭受侵蚀作用的灌浆,可采用通用设备和在大孔隙灌浆中常用的材料。必须特别注意浆液的性能,确定满足工程要求的标准,灌入到露天桩区域中的浆液要求其胶结性能应达到不会增加建筑物的恒重和被灌区的水流速率。地基处理方面的不同应用见本手册中第 7 章和第 10 章中的相应部分。建议参考 EM1110-2-3504,以及 Neff、Sager 和 Griffiths 编写的《一座已完工船闸的固结灌浆》。

9.3 修 复

通航建筑物的边墙、底板、护坦和地基经常需要维修,一般需要采用专门的灌浆处理技术。

9.3.1 混凝土直墙

混凝土直墙上可能会出现裂缝,垂直方向和水平方向施工缝的渗透性可能会变大,灌浆方法见 EM1110-2-2002。以冻融作用为主的天然风化经常形成裂缝、片剥;同时过往闸门的航运船只,不仅会对导墙的上部,而且会对主闸的边墙造成严重的磨损。这类修复灌浆可采用抗水的环氧类浆液。大裂缝的修复可在环氧树脂浆液中添加细干砂作为充填料。直墙上片剥区的修复经常要求维持原状,可用硅酸盐水泥浆或环氧/砂浆。许多修补工程采用专用的合成环氧树脂。随着环氧技术的发展,现在可供选择专用于修补工作的环氧树脂有许多种,如灌入到干或湿的裂缝中,联结老混凝土或形成新结石。对于受航运船只磨损严重的区域,可采用一种这样的修补方法,即用锚栓将钢板(装甲板)固定在磨损区上,采用堵住底部和边界的缝隙进行密封,通过安装在钢板底部附近的灌浆孔口管灌入硅酸盐水泥浆液,这是对钢板和混凝土面之间的密封区进行的灌浆。其他有关直墙修补方面的资料见 WES TR C-78-4 和 WES 译文 65-4(附件 A)。

9.3.2　底板和护坦裂缝修复

通航建筑物的修复采用环氧类和硅酸盐水泥灌浆,建议参考 WES 出版的《公路保养与维修实用手册》。

9.3.3　底板和护坦下缝隙的回填、护坦的加固与顶托

底板和护坦下缝隙的回填、护坦的加固与顶托见第 11.3.4 部分和第 11.3.5 部分。

9.4　船闸区的灌浆帷幕

在许多情况下,船闸地基需要布置灌浆帷幕。这类帷幕的布置一般与混凝土大坝坝基的帷幕布置相同,布置方法详见第 7.1 节。灌浆中使用的浆液可能是硅酸盐水泥,也可能是化学物质或二者的混合物。

第 10 章　灌浆在建筑物地基处理中的应用

10.1　概　述

　　所有建筑物,不管其形式如何,采用什么样的设计方案,都必须坐落于能满足要求的土体或岩石上,否则必须对地基进行处理,以确保其有足够的支撑性能。地基需要改良的原因有很多,如提高其强度或刚度,防止附近水流对地基的侵蚀,防止有孔洞地层和土体因水位下降而出现收缩,防止下伏灰岩出现溶蚀塌陷和孔洞,防止出现因高差引起的不平衡土压力及防止软弱黏土由于含水量的变化而出现的不稳定性能。本章论述了应用于改良建筑物地基条件的灌浆。

10.2　灌浆前的勘察

10.2.1　物理力学性质

　　灌浆设计阶段必须全面了解地基的物理力学性质。

10.2.2　原位和室内试验

　　一般情况下,建筑物地基设计和施工工程师应指导和监督勘察工作。原位试验主要有标准贯入试验、土的分类、灌浆试验、物探和地下水观测。室内试验一般包括岩土分类、含水率、密度、孔隙率、水质分析和强度试验。

10.3　土体加固

　　土体加固有许多成功的处理方法。经实践证实,土-水泥和土-沥青拌和处理是有效的方法,但应用范围仅限于表层处理。搅拌灌浆是原位搅拌土体与水泥浆液,从而形成低强度的圆柱形土-浆搅拌桩。压密灌浆采用一种非常稠密的浆液,严格控制灌浆压力,通过置换压密土体,结石为一单独块体,与压实后的土体紧密接触。

10.3.1　搅拌灌浆

　　这种灌浆是原位搅拌土和水泥浆液,形成圆柱形的土-浆搅拌桩。需要一种专用的设备,该设备含有一根空心管,在其底部安装有叶片,这些叶片在被压入土中时,缓慢旋转,同时通过空心管将水泥浆或化学混合物灌入,使其与土体拌和,形成桩体。

10.3.2　压密灌浆

这种土体加固法是将一种高稠度水泥浆按预先设计的模式泵入到地下,在规定的高压下,采用非脉动类泥浆泵将浆液灌入,土体经过置换达到加固的目的。浆液凝固形成单独块体,与被压实的土体紧密结合。压密灌浆已用于提高底板和扩展基础下土体的承载力和提高桩基础的端部承载力与侧摩阻力。加固后应取结石和压密土体的样品进行必要的室内试验。

10.3.3　化学灌浆

化学灌浆可用于控制地下水的入渗,以提高不良土体的强度。不同种类的化学物质可灌入的不同土体的区间(按粒径分),如图 10-1 所示。在很大程度上,浆液在地基土体中的扩散范围可通过调整胶体的浓度来控制。一般来说,化学浆液比沥青、水泥或黏土浆液要贵一些,因此只有在采用化学灌浆才能达到预期目的以及经论证采用该方法是比较经济的情况下,才考虑采用此方法。为了查明经过化学灌浆后的土体能否作为所设计建筑物的地基,应在灌后进行原位试验和室内试验(参见 EM1110-2-3504,以及 R. H. Karol 编写的《土体工程》附件 A)。

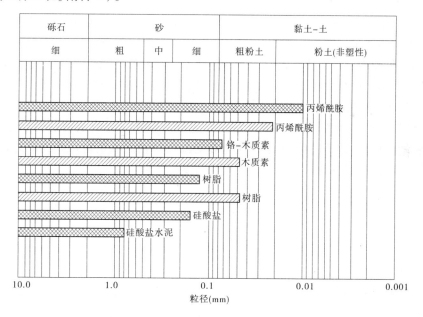

图 10-1　各类浆液可灌入土体的粒径区间

10.4　岩石基础

以下情况需要对作为建筑物地基的岩石进行灌浆:地基岩石为溶蚀性灰岩、岩体强烈破碎或岩体中发育张开节理。灌浆不仅是为了加固岩体,提高承载力,而且可以阻止管涌挟带的泥土进入岩体裂隙和孔洞中。当对开挖允许误差有严格要求时,在开挖爆破前,也可采用灌浆措施来固结节理发育的岩体。

第11章　精确灌浆和特殊灌浆

11.1　概　述

精确灌浆是指为了满足苛刻的工作要求,在精确控制下将一种特定的浆液灌入到指定的区域中。特殊灌浆是指那些与通用技术不同的灌浆。精确灌浆和特殊灌浆要慎重选择浆液种类,做全面的计划,安排最有经验的灌浆操作人员。

11.2　范　围

精确灌浆和特殊灌浆可用于各种特殊的情形,有可能只需要少量的浆液,但可取得极其明显的效果。

(1)本章主要针对混凝土建筑物,因此适用于混凝土修复的灌浆技术、浆液、材料和设备可用于这些建筑物中。EM1110-2-2002手册的内容很全面,包含了许多种不同的材料、设备和修复技术。该手册不仅讨论了硅酸盐水泥浆液的使用,而且包含了修复工程中采用的混凝土、沥青、喷射混凝土、干堵、预置骨料混凝土、环氧树脂、保护盖层和接缝止水材料,也讨论了裂缝修补、大修和表面修复。

(2)土建工程的精确灌浆和特殊灌浆主要包括灌浆作为原有结构的一部分,或修复高速公路、地面厂房、地下厂房、大的建筑物和防洪建筑物。灌浆也可作为前述建筑物的修复或补强措施,满足临时工程和永久工程的需要。

11.3　应　用

11.3.1　钢筋束灌浆

这类精确灌浆的目的是保护钢筋束,同时使钢筋束与套管良好结合,从而提高构件的耐久性和承载力。在钢筋束灌浆中,采用的灌浆材料中必须含有防止钢筋腐蚀的成分,实际上是不能含有会严重腐蚀张拉钢筋束的氯化物和硫化物等一类成分。灌浆浆液要求几乎不泌水且具有收缩补偿。为确保将浆液尽量灌入到钢筋束的缝隙中,要求浆液易于泵入且无细骨料。灌浆期间为了满足再循环的需要,应延长浆液的可泵入时间。应掺加减水剂、可控制膨胀剂和分散剂,这些外加剂掺入到硅酸盐水泥浆中可以使形成的浆液在一定时段内具触变性和收缩补偿,所形成的结石密实且强度高。钢筋束灌浆所用的浆液应具有高流动性。拌和设备最好用能连续提供胶状浆液或高速剪切型,注浆设备应采用容积式无脉动泵。

11.3.2　机械底座灌浆

土建工程有时包含作为发电机、水轮机、滚筒碾粉机、压缩机、铁轨、塔板和各种生产重型机械的承载底座的特大型钢板的地基灌浆。机械底座一般用锚栓固定在混凝土基础上,用垫片垫平底座,在板与混凝土基础之间留 1~3 in 进行灌浆。在板下四周均留出大的空隙,从一侧灌注或泵入浆液,这样将灌浆缝中的空气尽可能地排出去。最好是一次性连续灌完,浆液的选择与灌浆过程详见 CRD-C 621(附件 A)中的相关描述。若对灌浆结实的强度有较高要求,经试验后,可以考虑掺加硅气类添加剂。

11.3.3　岩石锚杆灌浆

岩石锚杆的类型有许多种,其安装和灌浆资料详见 EM1110-1-2907。

11.3.4　混凝土路面加固

混凝土路面加固是一种通过灌浆来充填混凝土路面板下空隙的方法,目的是尽量减少冲击破坏,改善不完善的排水及防止横向接缝和收缩缝处积水。可采用不同类型的浆液和泥浆,详见 WES 出版的《公路保养与维修实用手册》。

(1)浆液拌和物为净细砂和水泥,根据需要掺加外加剂,以保证其长期稳定性,最近这类添加剂取代了泥浆。

(2)泥浆具有强度很低、收缩、在潮湿条件下不稳定的特点。路面板加固一般是在原路面板准备重铺面层时进行,需要配备的设备有取芯钻机、混凝土或页片式灰浆搅拌机、容积式无脉动泥浆泵及附属设备和配件。

11.3.5　灌浆顶托

灌浆顶托实际上是底板加固的拓展,但更复杂些。灌浆顶托是一种快速处理沉陷段的经济方法,通过加压向路面下方灌入水泥浆或泥浆,将路面抬升至设计高程。

11.3.5.1　目的

灌浆顶托的目的是:

(1)改善路面状况,使车行驶平稳。

(2)防止高速行驶的货车所带来的超常冲击荷载。

(3)改善不完善的排水。

(4)防止横向接缝积水。

(5)抬升或垫平其他建筑物。

(6)防止过度的下陷。

11.3.5.2　混合物

浆液拌和材料有净细砂和水泥,水泥约占 20%,细砂要求级配良好、干净,30%或以上细粒通过 200 号筛,这样拌和后的浆液易泵入,能形成足够强度的结石。用水量既要使拌和的浆液黏度较低,又能使砂子始终处于悬浮状态。若浆液仅是由砂子、水泥和水拌和形成,则有可能需要掺加添加剂,以达到速凝、缓凝或膨胀的目的。但是掺加这类添加剂时必须谨慎,在野外使用之前,必须通过室内试验来确定其效果。

11.3.5.3　设备

灌浆顶托操作需要的主要设备如上述 11.3.4 部分(2)所列。

11.3.5.4　应用

(1)灌浆时必须谨慎,防止路面下方在灌浆孔周围形成尖塔形结石,应使路面在均匀压力作用下缓慢抬升。为了做到这一点,灌浆孔的布置原则为能够使浆液侧向流动贯穿板下面的所有区域,且抬升速度要足够缓慢,以使浆液能够完全、恰到好处地充填所有空隙。只能根据常规来确定灌浆孔的位置,由操作员根据实际情况确定内插孔的位置,一般钻孔距边界线或接缝的距离不小于 18 in,孔间距(中心点起算)不大于 6 ft,这样,从任何一个孔泵入浆液均可抬升 $25 \sim 30 \text{ ft}^2$ 的路面板。从一个孔灌入过多的浆液有可能会导致路面开裂,若出现这种情况,则需要减小孔距。偶尔需要增加灌浆孔来填充互不连通的空隙,灌浆孔的孔径为 $1.25 \sim 1.5$ in。

(2)若浆液泵入速度过快,有可能因形成塔形结石而导致路面破裂。顶托灌浆应灌入浓浆,浓浆的泵入速度不应超过 $1 \text{ ft}^3/\text{min}$,低黏度浆液和稀的灌入速率可提高至 $3 \text{ ft}^3/\text{min}$。

(3)当从一个孔来抬升路面时,浆液必须连续灌入直至浆液串到相邻孔或路面已升至合适的位置。相邻钻孔可临时用木塞封住,随着浆液的凝固很容易就能将其拔出。抬升操作完成后,将灌浆孔的孔口管拔出,清洗钻孔,用水泥与砂子比为 $1:3$ 的浓砂浆封孔,捣实并将孔口抹平。

(4)灌浆顶托必须由有经验的合格人员来施工,一般需要 6~10 个人。

11.3.6　不返水段灌浆

钻孔钻进过程中,在强烈破碎段、软弱层或多孔地层段,循环浆液会出现流失现象。这种情况下,可以在硅酸盐水泥基浆液中掺加某些材料来堵住、搭接或密封失水段,最常用的掺加料有各种级配的砂子、固定大小的玻璃纸屑、磨碎的塑料、橡胶屑和粉碎的棉花籽壳。这些掺加料可单独掺到水泥浆中,也可以同时掺入,但极少超过两种。

11.3.7　预置骨料灌浆

预置骨料灌浆包括将选定的粗骨料按一定的形状堆放或填入孔洞中,灌入砂浆或不含砂的硅酸盐水泥浆,填充骨料之间的孔隙。这种方法有时用于"现场浇筑"桩体和给废弃的矿区做顶部支护。关于预置骨料灌浆设计方面的资料见 WES 技术备忘录 6-380。

11.3.8　后置骨料灌浆

在放入骨料前,将浆液灌入结构或孔洞是一种快速且经济的方法。由于不需要灌浆管,配制浆液时用水量也可以更少些。先将浆液输送至需要灌浆的区域,然后用蛤壳式挖泥机、端式装载机或其他设备加入骨料。除临近结束时外,始终要保持浆液面高于骨料放置位置,这一点很重要。最后将表层整平、养护。

11.3.9　泡沫浆灌浆

泡沫浆的组成与物性变化范围在第 5.2.3 部分中进行了简要的描述。拌和、泵入设备一般有内嵌式计量泡沫产生器或运拌车、桶式搅拌机和带状搅拌机。将量好的泡沫加入到指定的水泥浆中搅拌均匀,泵入设备最好选用先进的气蚀型水泵,较为合适的注浆管直径为 4~5 in。

11.3.10　盐水灌浆

盐水灌浆用于在含盐地层中开挖竖井、平硐,以及封堵孔底是盐穹隆中的洞穴,或因其他目的需要穿过含盐地层的钻孔套管背面。灌浆技术有待于进一步发展的是在使盐水灌浆形成的结石具有很长的有效寿命,使其有可能用于含盐地层废弃地段的隔离。为防止盐岩和接触面溶解,所用浆液应是饱和盐水,在 1 gal 拌和水中应加入近 3 lb 氯化钠。当每加仑水的含盐量超过 3 lb 时会延缓硅酸盐水泥浆的凝固,而小于 3 lb 时则会加速凝固。盐碱环境中的灌浆也应考虑采用饱和盐水,膨润土地区的盐水灌浆,应在浆液中掺加硅镁土。

11.3.11　高密度浆液浇筑

用于储存核能、高能激光研究和危害性废料的建筑物经常需要高密度的墙体、层顶和地板,这类建筑物的施工可采用预置骨料法,用磁铁矿、钛铁矿粗、细骨料或其他类型的大密度骨料来取代平常所用的骨料。要特别注意其构成成分,必须设计成能够支撑重荷载且是不透水的。

11.3.12　废物处理井灌浆

堵塞危害性的废物处理井所采用的浆液要求具有很高的耐久性,这类灌浆要求采用的硅酸盐水泥浆液具有膨胀性、不透水性和强抗化学侵蚀性。废物处理井的堵塞灌注可以采用常规油井封堵设备或类似的灌浆设备。灌浆方法可以利用钻杆和绞车设备进行一段灌浆或多段灌浆,目前有许多种可用的钻井设备。处理此类问题时,必须严格确保灌浆质量的可靠性。

11.3.13　桩护套

由于受水的侵蚀、冲刷和船舶航运的影响,桥梁、过水路面的支承桩经常出现较严重的破坏,一种经济而实用的修复方法是采用灌浆法为之装上护套。一般做法是在所要保护的钢桩、混凝土桩或木桩受损区挂上钢筋网,在网周围放上袋状尼龙模板,然后在尼龙模板中灌注浆液。浆液一般掺加砂料填充剂和增加浆液流动性的外加剂,当有早凝、高强要求时,可用 Ⅲ 类早强水泥。水上或水下部位均可采用常规水泥灌浆设备。

11.3.14　厂房和深埋建筑物的灌浆

地面、地下厂房和深埋建筑物有时均需要灌浆,采用适宜的浆液对其周边岩土体中的空隙进行灌浆可达到提高稳定性和增加建筑物使用寿命的目的。

11.3.15　抛石灌浆

　　对未固结的抛石进行灌浆可提高抛石填筑的稳定性。为护坡（墙）、海岸加固、防洪堤坡面和其他类似工程提供岸坡保护的抛石灌浆在水上、水下均可进行。抛石灌浆一般是利用重力或泥浆泵将流动的砂浆送入抛石中的空隙。浆液中砂子用量最大可达到水泥质量的 3~4 倍。在较陡斜坡中所用的浆液黏度要大一些。浆液一般灌至空隙深度的 1/2~3/4 处，在可能的条件下，用清扫或其他方便的方法将表部浆液清除。

第 12 章　灌浆施工

12.1　概　述

灌浆施工可以作为总承包合同的一部分,也可以是一项单独的承包合同。灌浆施工也可以通过雇用劳工,由政府提供设备来完成。灌浆工艺取决于工程的复杂性、工期、经济实力、技术与人力资源、组织结构和工程量。

12.2　承　包

12.2.1　总承包

(1)灌浆施工作为施工总承包合同的一部分可消除因其他施工与灌浆施工相互干扰引起的一些承包纠纷。另外,当钻进、灌浆工作进展不顺时,总承包方可以利用其组织机构抽调灌浆工作人员从事其他工作。同时,设备购买、电力供应、后勤保障、交通和管理等费用,采用总承包方式一般会比单独承包方式便宜一些。

(2)但是,大多数总承包商没有灌浆设备,灌浆项目分包给专门从事这方面工作的分包商。从合同上说,这类承包的缺点是委托方代表(COR)与真正承担灌浆工作的分包商无关(COR 无法指挥分包商),这会给管理和灌浆操作过程的控制带来麻烦。

12.2.2　单独承包

将灌浆施工作为单独的承包项目,可将其发包给有灌浆专家的承包商来完成,但是若灌浆项目与其他施工项目同时开展,有可能出现不同承包商之间互相干扰。就大坝工程而言,在灌浆之前有可能要进行大量的开挖工作,不过在进行施工组织设计时,若各承包商之间紧密合作、协调一致,灌浆项目采用单独承包的形式应当是较为高效的。

12.3　劳工雇用

通过雇用劳工来完成灌浆项目一般比承包方式更具机动性,在处理紧急情况方面更快捷。当灌浆处理的范围、所采用的灌浆方法需要随着项目实施过程中的具体情况来确定时,应重点考虑采用这种方式,雇用劳工方式的其他优点有:

(1)公有设备可用于其他工程的施工。

(2)能够了解工人施工素质。

(3)可以更加主动地控制工作。

第 13 章　现场操作

13.1　概　述

（1）不管前期完成多少钻孔等勘探工作量,在灌浆开始时,有关地表以下岩体中张开的、可灌浆的破裂面的规模和连续性方面的资料都是不足的。是否存在可灌入的孔隙在灌浆前就能知道,并可在灌浆过程中得到证实,但孔隙的规模、形态及切割关系大多是推测的。这些未知的地下条件,不需要直接观测,利用灌浆工艺基本上就能取得令人满意的处理结果。大多数灌浆的好处之一是可作为勘探手段,对钻探和灌浆过程进行仔细的监控和分析,可得到大量的关于地质条件的资料。不能过分地强调这一好处,但对所收集到的资料必须进行校对分析,以便于利用。本手册中对灌浆现场操作的讨论只是作为一种指导,不能替代经验。

（2）灌浆工序取决于任务、政策、目标、地质条件、承包商、现场人员和个人的判断及技能,工序随着现场施工技术的不同而变化,包括钻探、冲洗、压水试验、浆液的选择和调整、改变灌浆压力、灌浆过程冲洗钻孔和清洗灌浆泵系统、延期处理、间隔灌浆、决定是否增加灌浆孔、表部渗漏的处理及提供最新的钻探、灌浆和监控记录等。

（3）灌浆孔的斜度、方向、孔距可以根据需要进行局部调整。过早堵塞的钻孔需要通过钻进新孔来取代。若根据合同要求需要做调整,要求设计者参与并做出决定。调整内容包括一序孔孔距的变化、灌浆孔斜度和方向的改变、灌浆工作量的增加或减少。

（4）不管灌浆计划编制得如何周密完善,灌浆成功与否取决于所采用的现场工艺和现场人员的判断能力。采用的灌浆工艺有可能并不受承包商的质量控制体系的约束,而是受公司现场人员的指挥,基于这个原因,必须由有经验的地质人员负责灌浆工作,并为其配备足够的人员。

13.2　钻　探

（1）地基灌浆项目中的钻探工作至关重要,所花费用也大,因此值班员要对钻进过程中的所有相关资料做记录。现场记录本中要按时间顺序编录,内容包括能用于确定所钻地层物理特性的资料和解释钻探进程的有用资料。为此,随着钻探的进展,值班员按照提供的表格格式记录工作过程中的有关资料。柱状图中也要包含地质人员针对项目所遇到的地层的鉴定和其他有关的评论。一般要记录的内容如下：

①孔号。

②钻进时间表。

③钻机操作人员和值班员的名字。

④孔径和孔斜。

⑤孔的位置或坐标。

⑥所采用的钻头的类型和识别码,钻机型号。

⑦开孔和终孔高程。

⑧岩芯缺失的位置及原因,如张开的节理或层面、钻头的阻塞、强烈破碎岩体、软弱物质和断层泥的磨耗等。

⑨压水试验成果。

⑩充填或张开孔洞的位置和性状。

⑪水泥封孔段的位置,封孔原因、水泥用量及水灰比。

⑫初见水位、终孔水位及漏水、返水段。

(2)在钻探过程中,钻孔柱状图中各栏要记录和收集的资料如下:

①要尽量将回水汇集到容器中,并测量每分钟的回水量,以很短的时间间隔记录供水管路上水表的读数,确定通过钻具泵入的水量变化情况,记录整个钻进过程中的回水颜色变化情况。

②以钻进速率的形式记录钻进速度,即一个回次所用的时间。

③记录钻机的反应,如用急动、平稳、震动或稳固来说明钻机的反应程度。要特别注意操作员的动作,可能因钻进速度太快而取不上岩芯,也可能因钻进速度过慢而将软弱层磨耗掉,要记录钻进压力。

④操作员记录的班报中,要有操作员对钻进中所遇到的地层性状的解释栏,值班员对操作员所述内容不指导或不讨论,以免影响他对有关问题的看法,若值班员不同意操作员的意见,在报告中阐述原因,但不要说任何用来改变操作员观点的事情。

(3)不取芯孔。用冲击、堵头钻具或其他不取芯钻头钻进的钻孔,与钻探有关的大部分资料,必须通过对岩粉和回水进行观测来得到。通过对比钻机的反应、回水颜色和岩粉的描述来获取有用的资料。

(4)在每班次结束时或钻孔终孔时,让值班员上交其记录的副本是合理的,一般将编录资料和岩芯箱移交给地质人员进行分析,完成最终的柱状图。

13.3　灌　浆

(1)洗孔。

①灌浆程序中,在即将要灌入浆液前,必须冲洗灌浆孔。冲洗的目的是冲走孔内所有的岩粉和泥,冲洗岩石破裂面中的岩粉、砂、黏土和粉砂。这些物质必须尽可能地冲走,使浆液能够进入裂隙,这样在其后浆液灌入时,不会由于岩石破裂面中遗留泥沙的移动而在灌浆帷幕中形成空洞。

②通常采用开孔冲洗法,将一根直径较小的冲洗管下到孔底,压入水流,有时配合利用风将孔内物质冲出。这个过程对冲击钻进的钻孔来说是强制的;回转钻进的钻孔,在钻

孔完成后,通过对钻具进行几分钟的冲洗有可能已将钻孔充分洗净。不管怎么样,在灌入浆液前必须保证孔内无残留岩芯与沉淀物,可以在绳子下端挂一件重物来测量一下孔深。对有沉淀的孔,在浆液灌入前,必须重新进行冲洗。

③开孔冲洗完成后,有必要加压冲洗岩层。对岩层的冲洗可在孔口安装栓塞或封闭器来进行。在压力冲洗前,所有相邻的灌浆孔完成钻进,作为被压入冲洗孔中的水的逸出点。一般将加压水注入孔内,极少数用压缩空气。只要注水量持续增大或相邻孔和地面渗出的水中带有泥,就需要继续冲洗。有一种方法是以短脉冲方式把空气压入水中,使之产生涡流,从而提高水的冲蚀作用。压缩空气仅适用于好的岩石,使用时必须十分小心。反向冲洗也可能有用,反向冲洗将与被冲洗孔重新连通,有必要在注入浆液前再进行几分钟的冲洗,将泥沙冲出孔外。需要注意的是,过高的压力会破坏地基和前期灌入浆液形成的结石,压力冲洗时,水压和气压不能超过允许的灌浆压力。

(2)压水试验。

①压水试验可作为压力冲洗工序中的一部分来进行,其目的是得出岩体的渗透性、确定渗透带的位置、核实压力冲洗栓塞的封闭程度、评价压力冲洗的效果。试验期间相邻孔不加盖,使水可以排出。每一个灌浆孔都必须进行压水试验。

②在压力冲洗之前开始压水试验,在稳定压力下向孔内注入水,至少持续 10 min,每分钟读一次流量。10 min 后,若试验结果表明岩层中的通道已被水冲开,则开始压力冲洗。

③压力冲洗完成后,再进行 10 min 的压水试验,保留前、后的压水成果,并列在地基处理报告中。

④压水试验采用的压力不能超过允许的灌浆压力,压水试验和压力冲洗及之前的工作必须要有日常监理。

(3)不管吸浆量多少,一般要求灌浆设备能使浆液在整个系统中连续循环,准确地控制压力。通过定期用水冲洗系统和浆液的连续循环来防止设备和管路堵塞。压力灌浆中要有减压阀,减小由于压力过高而破坏地基的可能性。若采用自重压力灌浆,可用一开口竖管来减压或将浆液直接注入孔口的漏斗、孔口管或竖管中。

(4)当不了解地下条件或地下条件较差时,常凭经验确定最大安全压力,即压力值(lb/in^2)均不超过岩石的深度值(ft)加上上部覆盖层厚度的一半(ft)。该方法源自仅考虑被灌段上部物质的重量。其他影响最大安全压力的因素有岩石强度、岩体中不连续面或破裂面的产状、浆液浓度、钻孔的密封程度、地质和水文地质条件,许多情况下可安全采用较高压力。图 13-1 粗略地给出了不同条件下的灌浆压力。通过由最大允许压力减去灌入深度以上的浆液自重产生的压力来确定孔口压力表的最大压力。

(5)大多数地基灌浆采用的浆液由硅酸盐水泥、膨润土和水混合而成。掺入少量的膨润土(2%~4%)对灌浆有利。不明显减弱强度或增加凝固时间就可以基本解决沉降问题,浆液基本不收缩并可达到更好的结果。非常浓的浆液或砂浆,可以掺加增加流动性的添加剂来降低黏度。水灰比一般用水的体积和干的水泥体积来表示(也就是一袋水泥按 0.5 ft^3 计)。可利用图 5-2 和表 13-1 来确定不同纯水泥浆中水泥的含量。

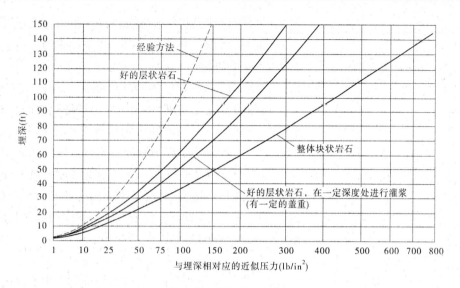

图 13-1 灌浆压力粗估图

表 13-1 浆液调配水泥用量

浆液体积 (ft³)	浆液调配所需的水泥量(ft³)								
	6:1	4:1	3:1	2:1	1.5:1	1:1	0.86	0.75	0.67
0.1					0.1	0.1	0.1	0.1	
0.2			0.1	0.1	0.1	0.1	0.1	0.2	0.2
0.3		0.1	0.1	0.1	0.2	0.2	0.2	0.2	0.3
0.4	0.1	0.1	0.1	0.2	0.2	0.3	0.3	0.3	0.3
0.5	0.1	0.1	0.1	0.2	0.3	0.3	0.4	0.4	0.4
0.6	0.1	0.1	0.2	0.2	0.3	0.4	0.4	0.5	0.5
0.7	0.1	0.2	0.2	0.3	0.4	0.5	0.5	0.6	0.6
0.8	0.1	0.2	0.2	0.3	0.4	0.5	0.6	0.6	0.7
0.9	0.1	0.2	0.3	0.4	0.5	0.6	0.7	0.7	0.8
1.0	0.2	0.2	0.3	0.4	0.5	0.7	0.7	0.8	0.9
2.0	0.3	0.4	0.6	0.8	1.0	1.3	1.5	1.6	1.7
3.0	0.5	0.7	0.9	1.2	1.5	2.0	2.2	2.4	2.6
4.0	0.6	0.9	1.1	1.6	2.0	2.7	3.0	3.2	3.4
5.0	0.8	1.1	1.4	2.0	2.5	3.3	3.7	4.0	4.3
6.0	0.9	1.3	1.7	2.4	3.0	4.0	4.4	4.8	5.1
7.0	1.1	1.6	2.0	2.8	3.5	4.7	5.2	5.6	6.0
8.0	1.2	1.8	2.3	3.2	4.0	5.3	5.9	6.4	6.9
9.0	1.4	2.0	2.6	3.6	4.5	6.0	6.6	7.2	7.7
10.0	1.5	2.2	2.9	4.0	5.0	6.7	7.4	8.0	8.6
11.0	1.7	2.4	3.1	4.4	5.5	7.3	8.1	8.8	9.4
12.0	1.9	2.7	3.4	4.8	6.0	8.0	8.8	9.6	10.3
13.0	2.0	2.9	3.7	5.2	6.5	8.7	9.6	10.4	11.1

续表 13-1

浆液体积 (ft³)	浆液调配所需的水泥量(ft³)								
	6：1	4：1	3：1	2：1	1.5：1	1：1	0.86	0.75	0.67
14.0	2.2	3.1	4.0	5.6	7.0	9.3	10.3	11.2	12.0
15.0	2.3	3.3	4.3	6.0	7.5	10.0	11.1	12.0	12.9
16.0	2.5	3.6	4.6	6.4	8.0	10.7	11.8	12.8	13.7
17.0	2.6	3.8	4.9	6.8	8.5	11.3	12.5	13.6	14.6
18.0	2.8	4.0	5.1	7.2	9.0	12.0	13.3	14.4	15.4
19.0	2.9	4.2	5.4	7.6	9.5	12.7	14.0	15.2	16.3
20.0	3.1	4.4	5.7	8.0	10.0	13.3	14.7	16.0	17.1
21.0	3.2	4.7	6.0	8.4	10.5	14.0	15.5	16.8	18.0
22.0	3.4	4.9	6.3	8.8	11.0	14.7	16.2	17.6	18.9
23.0	3.5	5.1	6.6	9.2	11.5	15.3	16.9	18.4	19.7
24.0	3.7	5.3	6.9	9.6	12.0	16.0	17.7	19.2	20.6
25.0	3.8	5.6	7.1	10.0	12.5	16.7	18.4	20.0	21.4
26.0	4.0	5.8	7.4	10.4	13.0	17.3	19.2	20.8	22.3
27.0	4.2	6.0	7.7	10.8	13.5	18.0	19.9	21.6	23.2

（6）一般建议从稀浆开灌（6：1或更稀），特别是干孔或压水试验表明吸水量较小或较慢时。一些透水性好的地层用3：1的浆液很快就出现拒浆，但能灌入4：1或5：1的浆液，这证明即使是透水地层也要从稀浆开始灌。若开灌浆液的吸浆量已达到一定数量而灌浆压力无明显变化，则需要变浓一级；若灌浆压力在逐渐上升，则用同一级浆液继续灌入，直到拒浆；若浆液变浓后出现吸浆量骤减、压力骤升的情况，则可能需要稀释浆液。可按图5-3和图5-4来加浓或稀释浆液。

（7）下一级浓浆一般先在搅拌机中拌和好，当上一级稀浆快灌完时再注入泥浆池。若临时急需加浓浆液，则应临时停止灌浆，在泥浆池中加入水泥，通过在池中搅拌和在泥浆泵与管路中的循环来完成拌和。

（8）如果新一级的浓浆吸浆量达到一定的量而压力无明显变化，则需要采用下一级浓浆，逐渐加浓浆液直到压力上升，然后继续灌入。当压力趋向于上升时，慢慢减少注浆量直到钻孔在最大压力下拒浆或达到规定标准时停止。水灰比值降低时，每变一个整数级会需要更多的水泥，如从2：1到1：1需要多67%的水泥，因此在浓度达到3.0或2.0之后，需要采用中间的浓度（2.5、1.5或1.25）。如果开灌浆液很稀（8：1或更稀），则加浓浆液时，一般提高两个整数位级，也就是10：1到8：1再到6：1。如果出现突然拒浆或压力骤升，则可能是发生了过早堵塞。这时，若钻孔仍少量吸浆，则马上泵入水，尽量使其重新张开。在灌入水之后，用稀一级的浆液继续灌入。若钻孔被堵塞，则要钻一个新孔来取代。出现突然拒浆的其他原因包括管路、栓塞或钻孔的堵塞、塌孔或孔隙已经充填。

（9）灌浆过程中，要控制压力，以一定的增量缓慢上升，直至达到设计压力。在最大安全压力下，若出现吸浆量骤增而压力下降，则可能发生了抬动，需采取适当的防范措施。

（10）采用浓浆（2.0或更浓）灌浆时，建议每隔一段时间用水将浆液泵入系统冲洗一次,同时也要向孔内灌入数立方英尺的水。

(11)为了将浆液扩散限制在合理的范围内和更好地控制这项工作,必须确定注浆的最大泵入率。对于大部分地基灌浆而言,一般认为合理的最大泵入率为 3 ft³/min。孔内注浆率必须由主管者来控制,只有当压力升不起来时,才采用最大注浆率,当压力上升时就减少注浆率。为防止浆液流失到已钻完的钻孔中,也可能减少注浆率。技术要求中必须明确指出注浆率将由承包方管理代表来控制,有压力控制要求的注浆率变化范围在规定的拒浆标准与最大注浆率之间,无压力控制要求的注浆率变化范围在 0.5 ft³/min 与最大注浆量之间。

(12)当采用允许的最浓浆液时压力仍不上升或需要防止浆液流失过远等情况下,可采用间歇灌浆法。间歇时间可延续几分钟到几小时,每一时段的注入量必须控制在能满足预期目的的范围内。当间隔时间比较长,又是用浓浆时,在每一次中断前要对钻孔和泵入系统进行冲洗。在间歇期间内,应允许承包商从事别的工作。当间歇时间短并要求承包商在旁边等待时,合同中要预留等待时段的费用。孔洞充填的间歇灌浆,需要几个小时的间歇。为使结石尽快形成,每单个注浆时段可能需要中等、较短的间歇。

(13)完成一个钻孔的灌浆后,遗留在泥浆池中的浆液可以遗弃或稀释成下一个孔的开灌浆液,浆液配制 2 h 后或浆液出现凝固迹象时要遗弃掉。

(14)内插灌浆孔的布置,可以根据合同技术条款要求规定或具体的吸浆量确定。如果灌浆孔吸浆量大于预先确定的值,则在该孔的两侧都要布置加密孔。过早封堵的钻孔需要重新钻孔。内插标准在第 13.4.3 部分中论述。

(15)在同一单元内,钻进和灌浆工作不能同时进行。一序孔灌浆完成 24 h 以后,才能开始下一序孔的钻进工作。

(16)灌浆过程中应频繁巡视观测,检查地面漏浆情况并收集其他孔的监测数据,诸如串浆、压力、冒浆、渗漏等。记录颜色变化、流动变化和水位变化。如果需要控制漏浆,应用麻絮、木楔或粗麻袋组成围堰或进行封堵。如果漏浆严重,可以在围堰内加入速凝剂并暂停灌浆,使浆液凝固。如果漏浆还不能控制,可以降低压力用浓浆继续灌浆。灌浆过程中或在每一单元灌浆完成后,应打检查孔并进行压水试验,以检查灌浆效果。利用检查孔,查明已灌浆区是否需要进行全区或局部补充灌浆。若需要补充灌浆,必须运回设备,补充钻孔进行灌浆。

(17)冬季灌浆,浆液温度必须保持在 50 ℉以上。加入搅拌器中的水的温度应在 50~100 ℉。储存灌浆材料的仓库内的温度须在冰点(0 ℃)以上。而且,当对表层岩石进行灌浆时,在灌浆开始前、灌浆过程中直至灌浆结束后的 5 d 内,岩石表面温度应不低于40 ℉。经常需要隔热材料、加热器和热水器。

(18)在炎热的天气条件下,浆液及灌浆材料应避免太阳直射。应使浆液温度保持在90 ℉以下。高温不仅会增加水的用量,而且会由于浆液收缩加速其凝固,从而降低灌浆的可利用时间。

(19)地质断面和剖面图应反映最新的钻孔、试验和灌浆数据。记录应包括监测数据,以评估正在进行的灌浆工作。这些资料应包含在地基处理报告中,供以后参考。

(20)灌浆过程中,应对灌浆效果进行持续的评价,该评价应该由工程人员和施工人员共同努力完成。若发现问题,应及时解决。在整个过程中,应保持灵活性,以便做出变更或改进。方案的设计变更有时就是根据灌浆过程中获得的对地基条件的认识做出的。

13.4　灌浆结束

(1)灌浆应持续到最大灌浆压力下完全拒浆,但一般不这么做。有两种最常用的确定灌浆结束的方法,一种是在四分之三最大压力下灌到钻孔不吃浆;另一种是到每 10 min 吸浆量不大于 1 ft^3,至少观测 5 min,一般根据所采用的浆液和压力的不同有所变化。第二种方法比第一种方法更容易与压水试验成果相联系。

(2)对是否终止灌浆处理有疑问时,要布置检查孔。钻检查孔的目的是取岩芯检查或用于孔内照相或电视摄影。不过还有一种更快、费用更省的方式,通过钻进另外一个灌浆孔,进行压水试验来检查,若压水试验不透水,则岩石的灌浆结果是令人满意的,若钻孔吸水,则表明需要补充灌浆。

(3)继续加密灌浆孔,直至新一序内插孔的吸浆量明显地减少,或针对具体工程而言,认为吸浆量已经不大了为止。

第 14 章　估算方法

14.1　概　述

施工前的钻探和灌浆项目工程量只能近似估算,工程量的估算是为了招标投标用,但在施工时通常会有所变化。需要准备相应的合同条款和项目清单,使招标项目每一组成部分所估算的工程量发生明显变化时,不会影响单价,但是要尽力估算出所需要的钻探工作量和灌浆材料数量(如吸浆量)。

14.2　灌浆试验

对于大中型工程,如第 3.5 节所述,估算吸浆量最可靠的方法可能是进行灌浆试验。根据地质勘探成果,灌浆场地要选择在地质条件具有代表性的地段。

14.3　灌浆记录

一种不很可靠的估算灌浆材料用量的方法是参考地质条件和岩石类型相似地区的灌浆记录。这种方法可得出用量的总体判断,但要求估算者掌握灌浆知识,具有丰富的经验,依据其他场地的资料进行推断。利用这种方法存在的一个主要问题是灌浆施工人员的观点和操作方法有可能是不同的,不同的灌浆专家在相似的环境中工作,由于采用的技术不同,有可能造成吸浆量有明显的差别,但各种情况下都能达到满意的灌浆效果。

14.4　钻孔资料的评价

勘探孔岩芯资料和压水试验成果的评价是初步估算灌浆工作量的基础,单用这种方法得出的结果是不可靠的,因为实践证明存在压水试验过程中吸水的岩层却不吸浆的现象。

14.5　"单位吸浆量"估算

在钻探和灌浆工程详细估算阶段,经常采用的一种方法叫"单位吸浆量"法。采用这种方法时,根据场地地质条件和压水试验成果,按透水性的不同对灌浆区进行水平分区和垂直分带,估算每一个分区和每一带内一序孔和内插孔的数量,确定灌浆孔的吸浆量(ft^3/ft)和每序孔每一带吸浆量的减少量。后一序孔的吸浆量一般比前一序要少,多排灌浆中后灌排的吸浆量要比先灌排的吸浆量少。如果地质条件没有明显变化,单位吸浆量一般随深度增加而减少,每一个孔每一分带给定每英尺孔深的吸浆量(ft^3)。表 14-1 为这种估算方法的典型例子。

表 14-1 "A"区吸浆量

项目		孔深(m)	一序(ft^3/ft)	二序(ft^3/ft)	三序(ft^3/ft)	四序(ft^3/ft)
A 排	1 带	0~10	1.5	0.75	0.2	0.05
	2 带	10~25	1.0	0.4	0.1	—
	3 带	25~50	0.2	0.25	0.1	—
	4 带	50~100	0.1	0.01		

注:上述数据仅是举例,不能用于估算,不能作为灌浆结束或孔距确定的标准。

对于大多数工程而言,要求采用上述所讨论的所有方法估算工作量,比较其结果,得出适宜的灌浆估算工程量。

14.6　项目清单

从工程师团的经验来看,任何钻探和灌浆项目工程量估算或招标方案中要包括以下所讨论的项目,项目清单必须满足具体工程的需求,ER1180-1-1 中给出了采用细分项目估算工程量变化方面的指导。

14.6.1　进出场

不管实际工作量有多少,在灌浆开始之前,钻孔和灌浆设备必须运到工地,在工作完成之后必须从工地撤离,因此条款中应包括进出场工作,并将之作为单独的付款项目,不管工程的其他项目是否进行,均应保证承包人得到这笔付款。这两项费用一般列在同一条支付款项中,规定在进场完成时支付一部分,在灌浆完成后,设备材料均撤离到发包方满意的地方时,再支付其余部分。

14.6.2　环境保护

环境保护可以作为一条单独的付款项目。本手册中所说的环境保护是指工程施工期间最大限度地保持其天然状态。

14.6.3　灌浆孔钻进

(1)一般指定最小口径。若合同中要求采用不同的孔径,则需要按孔径分别列出付款项目。这也包括分别列出不同深度、不同斜度或特定条件下的钻进(如在廊道、隧洞中)付款项目。若有必要对凝固后的灌浆孔内结石进行重钻,且不是由承包方的错误造成的,条款中要包含单独的重钻付款规定,一般规定为第一次灌浆孔钻进费用的一半。

(2)合同图件和技术要求要明确指明钻孔的方向、最大角度、最大孔深以及允许偏差。

(3)根据工程设计和相关图纸,估算出钻探工作量,并标注在图上。要标出每一个钻探项目的预测钻探工作量。

14.6.4　检查孔钻进

在灌浆期间,为了确定灌浆帷幕的效果或局部灌浆帷幕效果,需要在关键部位布置检查孔。检查孔的费用根据该孔的实际钻进深度支付。如果检查孔或灌浆孔要穿过覆盖层,这部分的费用也要作为一条单独的付款项目(见上述 14.6.3 部分)。

14.6.5　压力冲洗和压水试验

初期的灌浆孔冲洗费用一般含在钻探费用中,没有必要单独列项。压力冲洗和压水试验是灌浆工作的主要组成部分,需作为一条单独的付款项目,其工作量一般以完成工作所需的时间作为计价单位。压力冲洗和压水试验两者联系紧密,操作上类似,因此这两项的付款一般合并在一条中。尽管压力冲洗的程度取决于实际所遇到的地质条件,但在估算中要包含其近似工作量及预计的压水试验工作量。

14.6.6　灌浆

灌浆费用包括劳力、设备使用及混合浆液或将浆液注入孔中时所需的必需品(除灌浆材料外)。如果是采用分段灌浆法,还应包括一段灌浆结束时将浆液从孔内清除的费用。灌浆费用经常按灌浆材料的体积计(水除外),即固体的体积。尽管事先不知道浆液的实际用量,但要做出估算。许多情况下,灌浆费用按小时计更好些,包括将浆液注入孔中所需的劳力和设备使用费。当需要将浆液灌入到细小的裂隙中,估计要大量使用非常稀的浆液时,另一种方法是以包括水在内的总体积计算,这样可确保对承包商为灌入少量水泥而进行的长时间灌浆有一定的补偿。

14.6.7　灌浆孔的连接(管道的安装配置)

连接灌浆孔所需的劳动是灌浆的独立工作,需要将一次次的连接作为一单独的付款项目,由每一次连接的固定价或投标单价组成。

14.6.8　灌浆材料

每一种预计或计划使用的灌浆材料(水除外)的费用应单独列项确定。根据以往的经验、地质条件和灌浆试验资料(如果进行了试验),估算各种材料的用量,以重量或体积计。

14.6.9　管及配件

为灌浆孔预留的、所有埋在混凝土或岩石中的管及其配件,不管型号大小,均在一条付款项目中,需要估算所需要的管及其配件的磅数。

14.6.10　排水孔钻进

不同尺寸排水孔的钻探费用均要单独列项,同一工程中,有地面施钻,也有廊道内施钻时,也要分开列出费用。一般来说,排水孔的间距和孔深可预先确定,且准确度比灌浆孔高,每一项的单位均以延尺或延米计。

第15章　记录和报告

15.1　概　述

地基灌浆的值班员和监理人员要对灌浆过程做准确的记录,因为这种性质的作业一旦完成,任何直观的证据就不存在了。肩负有监督职责的工程主管者的工作之一就是指导灌浆参与人员记录所需要的资料、何时和向何人提交报告,这些记录作为工作记载的一部分,在确定付款数量时也要用。记录的内容和特点见图15-1~图15-5。

Hole No. 23-2, Primary　Sta. 23+20　Date: 6/21/62　Water table about 20'
Zone 4　Axis El. 564.4　Shift: 1600-2400 hrs　Press. test: 0.5 c·m @
75'-100'; Inc. 25°　Inspector: J. Jones　10 psi 6/19/62

Time	Mix	Cement Sacks	Grout Cu. ft	Tank Reading	Gage Pressure	Grout cu ft/min	Cement cu ft/hr	Remarks
1738	4:1	3	13.5	120 cu. ft.	0			Started grouting at 1738 hrs
1743				9.5	10	0.5		Vertical depth to Zone 4 is 68'
1751		2	9.0		15	0.75	10.0	Add 42 psi for 2:1 & 49 psi
1803	3:1	3	10.5		15	0.8	13.8	for 1:1. Add 38 psi for
1816		3	10.6		15-0	0.9	16.0	3:1 grout. Delay 1828-
1830		3	10.5		0-15	0.9	15.0	1830 hrs. Water line broken
1842		3	10.5		20	0.95	16.4	1810 hrs. Repaired at
1853	2:1	3	7.5		20	0.9	22.6	1828 hrs. Pressure at 0
1901		3	7.5		20	0.9	22.5	during delay.
1909		3	7.5		20	0.9	22.5	
1917		4	10.0		20	0.9	21.8	
1928		4	10.0		25	0.9	21.8	Checked area for leaks at 1915
1939		4	10.0		26	0.8	19.2	" " " " " 1945
1951.5		4	10.0		26	0.75	17.8	
2005		4	10.0		26	0.5	11.4	
2026	3:1	3	10.5		27	0.75	12.9+	
2040		3	10.5		30	0.6	10.6	
2057		3	10.5		30	0.5	9.1	
2117		3	10.5		30	0.55	6.0	
2147		2	7.0	4.5+7.0	30			
2152				10.8		0.14		
2157				10.6		0.04		Completed grouting at 2157 hrs.
		60.0		1.5	(lines pump)			
		3.5		12.1	Carried			
		56.5			forward			

图15-1　灌浆记录样本

TIME	ELEV.	DEPTH DRILLED	DRILL MANIFESTATIONS
2:00PM	531		Smooth operation
15			" "
30			" "
45	527		Slightly eratic
3:00			" "
15			Jerky to smooth
30	523.5		Stopped drilling-changed bit
45			Resumed drilling-smooth
4:00		13.4'	Smooth
15			"
30			Smooth to jerky
45			jerky
4:58	515	16.0'	jerky to rough

HOLE NO: 75　CLASS: Primary　ZONE: 2　STAGE: 1
ELEV. OF COLLAR: 550　ELEV. ROCK: 549
STAGE ELEV. TOP: 531　BOT: 515

BOOK NO. 3　INSPECTOR: John Doe
DATE: 6-18-49　TIME RELIEVED: 4:00
RELIEVED BY: Dawk Poe

REMARKS:
DRILLING　(post mounted)

Bit 09573-(EX) concave 7.5'

Bit 09671-(EX) concave 8.5'

图 15-2　非取芯孔记录样本

HOLE NO: 75　CLASS: Primary　ZONE: 2　STAGE: 1
ELEV. OF COLLAR: 560　ELEV. ROCK: 549
STAGE ELEV.-TOP: 531　BOT: 515

TIME	GAGE PRESSURE P.S.I.	STATIC HEAD P.S.I.	ACTUAL PRESSURE P.S.I.	FLOW CU. FT. PER MIN
10:00AM				
:10	56	19	75	1.0
:15	56	19	75	1.0
10:20	56	19	75	1.1
10:25	"	"	"	1.2
10:30	"	"	"	1.2
10:35	"	"	"	1.2

BOOK NO. 3　INSPECTOR: John Doe
DATE: 6-18-49　TIME RELIEVED:
RELIEVED BY:

REMARKS

Connected with hole #74
which flowed about 8 cu.
ft. / min (muddy)

Water from hole #74 at
1.0 Cu. ft. / min (muddy)
1.1　"　"　"　(clear)
1.2　"　"　"　(clear)

图 15-3　洗孔、压水试验记录样本

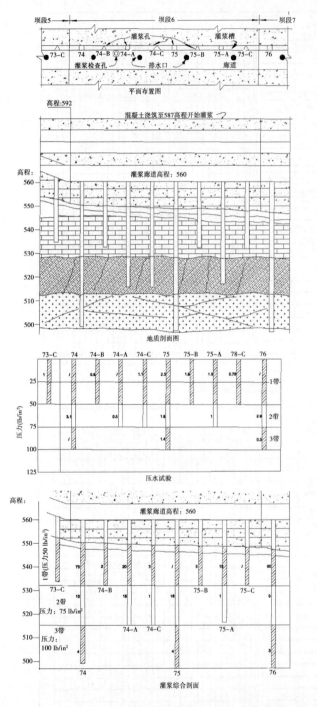

说明：

　　这是典型的坝基灌浆综合图件，各平、剖面所包含的内容为：

　　a.平面布置图：该图说明了该坝段与灌浆有关的所有孔的位置和目的。

　　b.地质剖面图：该图表明了岩体的性状；与灌浆和钻进有关的资料，如漏水段、溶洞（孔）和破碎岩体的分布位置。

　　c.压水试验：该图说明了灌浆前进行的洗孔和压水试验情况，标出了各段所采用的压力（孔口压力表读数加上静水头压力）和透水率。

　　d.灌浆综合剖面：该图中有分区深度、各灌浆段的灌浆压力和灌入的水泥袋数。

图 15-4　灌浆成果综合图

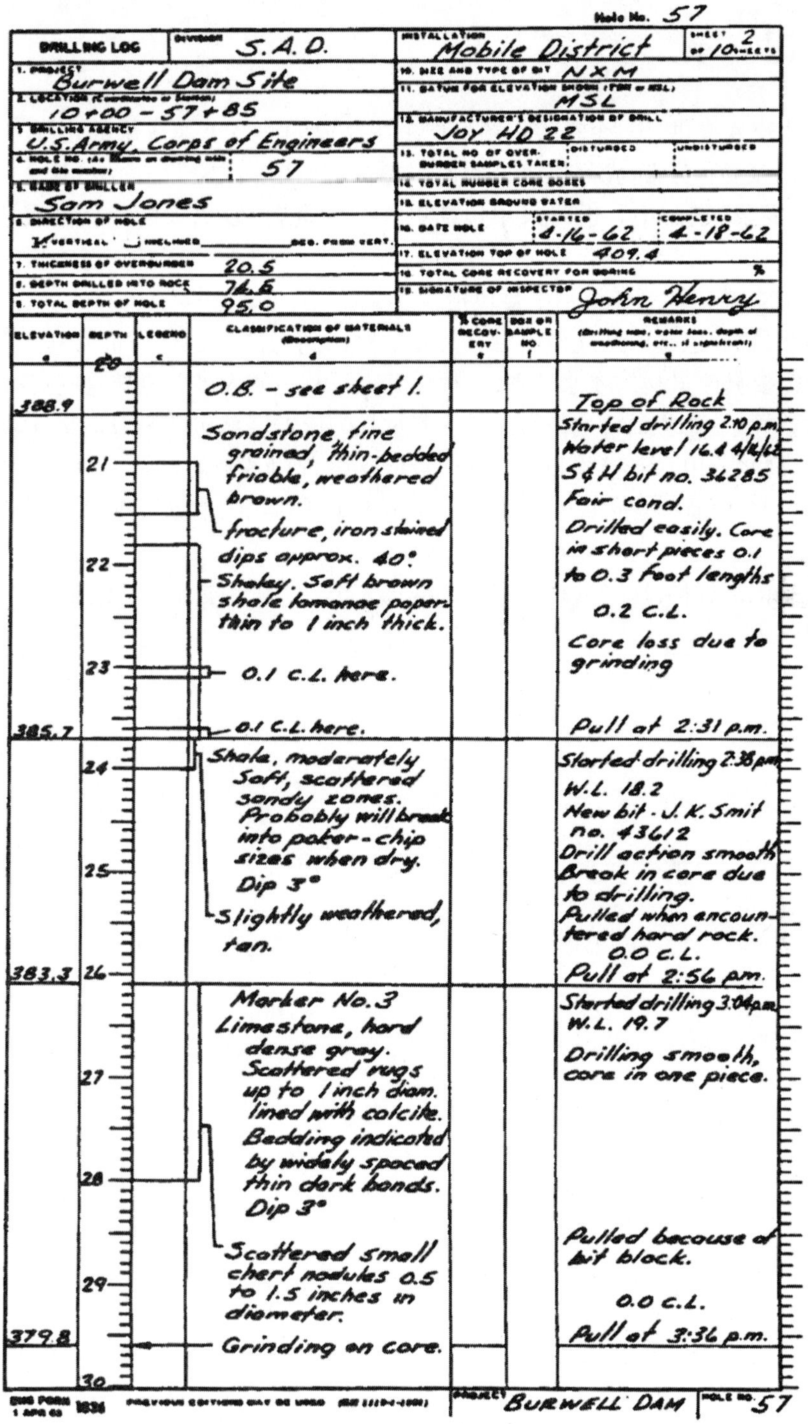

Hole No. 57

DRILLING LOG	DIVISION S.A.D.	INSTALLATION Mobile District	SHEET 2 OF 10 SHEETS

1. PROJECT: Burwell Dam Site
2. LOCATION (Coordinates or Station): 10+00 – 57+85
3. DRILLING AGENCY: U.S. Army Corps of Engineers
4. HOLE NO. (As shown on drawing title and file number): 57
5. NAME OF DRILLER: Sam Jones
6. DIRECTION OF HOLE: ☑ VERTICAL ☐ INCLINED ____ DEG. FROM VERT.
7. THICKNESS OF OVERBURDEN: 20.5
8. DEPTH DRILLED INTO ROCK: 74.5
9. TOTAL DEPTH OF HOLE: 95.0
10. SIZE AND TYPE OF BIT: NXM
11. DATUM FOR ELEVATION SHOWN (TBM or MSL): MSL
12. MANUFACTURER'S DESIGNATION OF DRILL: Joy HD 22
13. TOTAL NO. OF OVERBURDEN SAMPLES TAKEN: DISTURBED ____ UNDISTURBED ____
14. TOTAL NUMBER CORE BOXES
15. ELEVATION GROUND WATER
16. DATE HOLE: STARTED 4-16-62 COMPLETED 4-18-62
17. ELEVATION TOP OF HOLE: 409.4
18. TOTAL CORE RECOVERY FOR BORING ____ %
19. SIGNATURE OF INSPECTOR: John Henry

ELEVATION a	DEPTH b	LEGEND c	CLASSIFICATION OF MATERIALS (Description) d	% CORE RECOVERY e	BOX OR SAMPLE NO. f	REMARKS (Drilling time, water loss, depth of weathering, etc., if significant) g
388.9	20		O.B. – see sheet 1.			Top of Rock
	21, 22, 23		Sandstone, fine grained, thin-bedded friable, weathered brown. – fracture, iron stained dips approx. 40°. – Shaley. Soft brown shale lamanae paper-thin to 1 inch thick. – 0.1 C.L. here. – 0.1 C.L. here.			Started drilling 2:10 p.m. Water level 16.4 4/16/62. S&H bit no. 34285 Fair cond. Drilled easily. Core in short pieces 0.1 to 0.3 foot lengths. 0.2 C.L. Core loss due to grinding. Pull at 2:31 p.m.
385.7	24, 25		Shale, moderately soft, scattered sandy zones. Probably will break into poker-chip sizes when dry. Dip 3°. – Slightly weathered, tan.			Started drilling 2:38 pm. W.L. 18.2 New bit - J.K. Smit no. 43612 Drill action smooth. Break in core due to drilling. Pulled when encountered hard rock. 0.0 C.L. Pull at 2:56 pm.
383.3	26, 27, 28, 29		Marker No. 3 Limestone, hard dense grey. Scattered vugs up to 1 inch diam. lined with calcite. Bedding indicated by widely spaced thin dark bands. Dip 3°. – Scattered small chert nodules 0.5 to 1.5 inches in diameter.			Started drilling 3:04 p.m. W.L. 19.7 Drilling smooth, core in one piece. Pulled because of bit block. 0.0 C.L. Pull at 3:36 p.m.
379.8	30		– Grinding on core.			

ENG FORM 1836 1 APR 60 PREVIOUS EDITIONS MAY BE USED | PROJECT BURWELL DAM | HOLE NO. 57

图 15-5　取芯孔柱状图

15.2　记　录

（1）图 15-4 提供了一个在竣工图上记录所完成的灌浆工作成果的建议方法，地质剖面中有钻孔深度和分带情况，压水试验资料标注在"压水试验"剖面中，其余的灌浆资料均包含在"灌浆"剖面中。也可采用包括更详细的资料，以更大的比例来表达的其他方法。

（2）钻探、灌浆记录和报告中要包括：

①灌浆目的：包含可据此做出对有关灌浆所达到的效果进行评价的真实资料。为了确定是否需要修改最初的灌浆计划，工程设计人员和地质人员要复核这些资料。

②付款记录：这些资料是作为向承包商付款的依据。承包商一般提交日常工作摘要，说明进尺、灌浆所用水泥袋数和作为预期最低支付费用基础的钻孔清单。通常用值班员的报告来核实，但有的承包商对所做的工作不做记录，这种情况下，付款就完全根据值班员的报告。

③地基记录资料：这些资料要作为工程永久记录，用于竣工图的绘制，并整理在最终的基础报告中。

附录 A　参考文献

略(详见 EM1110-2-3506，Appendix A，REFERENCES AND BIBLIOGRAPHY)

附录 B Clarence Cannon 大坝工程实例

情况 1：

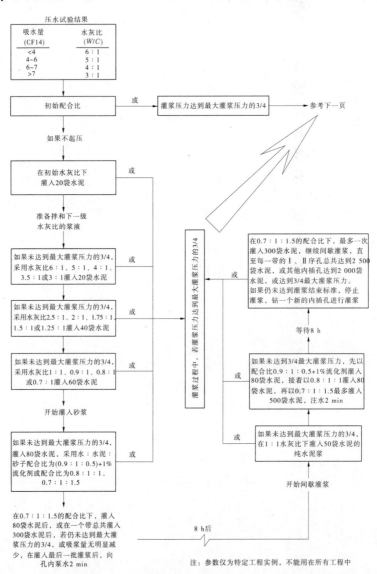

附图 B-1

情况 2：

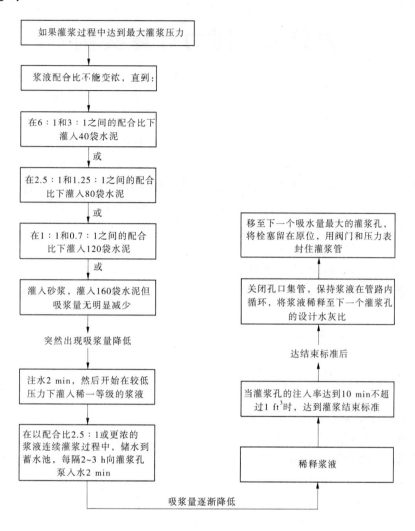

附图 B-2

附录 C　压力计算实例

1.例 1(干孔)

问题:计算压力表最大允许压力。

条件:最大允许压力为每英尺 1.5 lb/in²,灌浆浆液为纯水泥浆,水灰比为 1.0,栓塞位于 100 ft 深处(注:最大允许压力 1.5 lb/in² 仅是举例,实际压力应根据场地条件确定)。

解答:水灰比为 1.0 的 1.5 ft³ 水泥浆重量 62.4+94 = 156.4(lb)(注:1 袋 94 lb 水泥 = 0.5 ft³ 固体),水灰比为 1.0 的 1 ft³ 水泥浆重量为 156.4×(2/3) = 104(lb)。

每英尺高度水灰比为 1.0 的水泥浆施加的压力 = 104/144 = 0.72(lb/in²)

最大允许压力 = 1.5×100 = 150(lb/in²);

水泥浆柱压力 = 100×0.72 = 72(lb/in²);

最大允许压力表压力 = 最大允许压力-水泥浆柱压力 = 150-72 = 78(lb/in²)。

基本资料:

水泥的比重 = 3.15(1 袋 = 94 lb)(1 袋 = 1 ft³);

水的比重 = 1.0(1 ft³ 水重 62.4 lb);

膨润土的比重 = 2.50;

粉煤灰的比重 = 2.50;

砂的比重 = 2.65(1 ft³ 砂约重 100 lb);

1 ft³ 水泥中固体体积约为 0.5 ft³(若比重为 3.15,准确值为 0.479);

1 ft³ 砂中固体体积约为 0.6 ft³;

每英尺水柱或泥浆柱压力 = 重量/ft³×1 ft = 重量/ft² = 重量/144 = lb/in²;

水:= 62.4/144 帕 = 0.43 lb/in²;

1:1 水泥浆(水上) = (62.4+94)/(1.5×144) = 0.724(lb/in²);

1:1 水泥浆(水下) = (62.4+94)/(1.5×144) -(62.4/144) = 0.294(lb/in²)。

2.例 2(承压水孔)

问题:计算压力表最大允许压力。

条件:如附图 C-1 所示,最大允许压力为每英尺 1 lb/in²,灌浆浆液为纯水泥浆,水灰比为 1.0,栓塞位于 100 ft 深处。

解答:需要克服的承压水顶托力 = (120 ft×62.4 lb/ft)/(144 in²/ft²) = 52 lb/in²。

水泥浆柱压力:

水灰比为 2.0 的 2.5 ft³ 水泥浆重量 = 2×62.4+94 = 218.8(lb);

水灰比为 2.0 的 1 ft³ 水泥浆重量 = 218.8/2.5 = 87.6(lb);

水灰比为 2.0 的 1 ft³ 水泥浆水下重量 = 87.6-62.4 = 25.2(lb);

每英尺高度水灰比为 2.0 的水泥浆产生的压力 = 25.2/144 = 0.174(lb/in²);

100 ft 水泥浆柱压力 = 17.4(lb/in²);

最大允许压力 = 1.0×100 = 100(lb/in²)；

最大允许压力表压力 = 最大允许压力 + 承压水顶托力 − 水泥浆柱压力 = 100 + 52 − 17.4 = 134.6(lb/in²)。

例 2 图示：

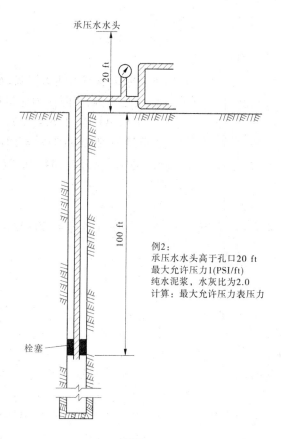

承压水水头

20 ft

100 ft

例2：
承压水水头高于孔口20 ft
最大允许压力1(PSI/ft)
纯水泥浆，水灰比为2.0
计算：最大允许压力表压力

栓塞

附图 C-1

3.例 3（潜水孔）

问题：计算压力表最大允许压力。

条件：如附图 C-2 所示，最大允许压力为每英尺 1.5 lb/in²，灌浆浆液配比为 1 份水、1 份水泥和 3 份砂。砂的容重为 100 lb/in²。

解答：拌和物重量（1：1：3）= 62.4 + 94 + 3×100 = 456.4(lb)；

拌和物体积 = 1 + 0.5 + 3×0.6 = 3.3(ft³)；

每立方英尺浆液重量 = 456.4/3.3 = 138.3(lb)；

浆柱压力：

水上：138.3/144×50 = 48.0(lb/in²)；

水下：[(138.3 − 62.4)/144]×50 = 26.4(lb/in²)；

48.0 + 26.4 = 74.4(lb/in²)；

最大允许压力表压力 = 最大允许压力 − 浆柱压力；

最大允许压力表压力 = $1.50 \times 100 - 74.4 = 75.6(\text{lb}/\text{in}^2)$。

例 3 图示：

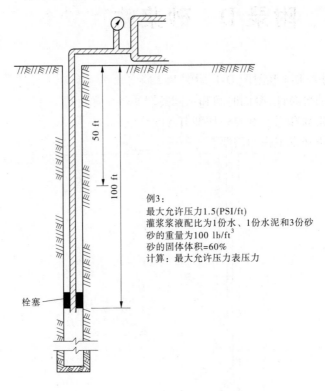

例3：
最大允许压力1.5(PSI/ft)
灌浆浆液配比为1份水、1份水泥和3份砂
砂的重量为100 lb/ft^3
砂的固体体积=60%
计算：最大允许压力表压力

栓塞

附图 C-2

附录 D　砂浆物理特性

附表 D-1～附表 D-4 和附图 D-1、附图 D-2 摘自水道试验站 WES 技术备忘录 6-419，描述了各种砂浆的可泵性、凝固时间和不同龄期的强度变化等。在砂浆中掺加缓凝剂、速凝剂、减水剂、膨胀剂和引气剂等外加剂可改变浆液的流动性和硬化物性，满足各类新建、修复等工程和科研开发工作的需要。

附表 D-1　浆液可泵性试验资料

外加剂	质量比 砂	质量比 水	质量比 水泥	类别	浆液龄期 min 前*	稠度 扭矩(°) 前*	稠度 扭矩(°) 后*	管路压力 lb/in² 前*	管路压力 lb/in² 后*	泵速 每分钟冲程 前*	泵速 每分钟冲程 后*	流量 ft³/h 前*	流量 ft³/h 后*	浆液温度 °F	凝固时间 h 初凝	凝固时间 h 终凝	抗压强度 lb/in² 7 d	抗压强度 lb/in² 28 d
	2	0.65	1	水泥	26	129	181	168	183	65	65	57	63	66	7	24	1 570	3 535
0.005	2.25	0.71	1	水泥	30	134	182	141	200	63	62	59	63	70±	7 $	24	1 400	2 810
0.020	2.5	0.74	1	水泥	29	133	194	155	170	68	68	58	63	70±	7 $	23	1 130	2 190
0.002	2.25	0.72	1	介入辅助介质 甲基纤维素	43	130	157	165	170	69	70	62	57	70±	7 $	23	1 270	2 625
0.015	2.5	0.79	1	硅藻土	29	130	154	147	152	68	63	66	66	70±	3 $	18	1 240	2 650
0.03	3	0.95	1	硅藻土	29	136	148	153	168	65	60	71	65	70±	4 $	21	860	1 840
0.06	3.25	1.01	1	硅藻土	31	134	176	147	148	67	67	68	69	70±	3 $	19	745	1 900
0.025	4	1.35	1	膨润土	23	136	191	152	172	71	70	74	82	77	8 $	22#	375 * *	670 * *
0.05	6	2.03	1	膨润土	26	136	210	148	163	71	71	78	77	78	7 $	27#	175++	308++
0.10	11	3.55	1	膨润土	24	133	212	190	213	71	75	79	77	72	3 $	89#	45 * *	63 * *
0.20	14	5.88	1	膨润土	24	141	204	140	155	71	63	79	77	70±	72 $		15	25
0.30	24	9.76	1	膨润土	29	138	206	145	163	77	64	88	83	70±	122 $		10	10
0.40	32	12.17	1	膨润土	40	131	178	140	140	74	70	84	81	70±	70±	500 $		

注：* 除人中断 15 min 前或后，所有抗压强度立方体试验为 3 块试件的平均值；
　　+ 泵人中断 15 min 前或后；
　　± 估算；
　　$ 表中所示时间之后的凝固；
　　# 表中所示时间之前的凝固；
　　* * 6 块试件的平均值；
　　++ 9 块试件的平均值。

附表 D-2　浆液可泵性试验资料

过100号筛的细砂(%)	质量比			稠度				管路压力 lb/in²		泵速 每分钟冲程		流量 ft³/h		浆液温度 °F	凝固时间 h		泌水 (%)	抗压强度 lb/in²	
	砂	水	水泥	扭矩(°) 前*	扭矩(°) 后*	流量锥(s) 前*	流量锥(s) 后*	前*	后*	前*	后*	前*	后*		初凝	终凝		7 d	28 d
0	2.00	0.63	1.0	131	154	12	12	173	193	67	60	64	60	75	4	7	1.2	1 730	3 505
5	2.50	0.72	1.0	137	171	12	12.5	200	200	57	61	63	62	72	4	8	1.6	1 345	2 805
10	2.50	0.76	1.0	138	170	12	13	150	150	57	57	63	58	71	5	8	1.7	1 540	3 030
15	2.75	0.82	1.0	129	168	12	12.5	160	165	65	53	68	60	73	4	8	1.7	1 420	2 700
20	2.75	0.82	1.0	129	171	12	12.5	160	165	61	53	64	59	75	4	18#	2.7	1 285	2 485
25	3.00	0.87	1.0	133	150	12.5	13	160	160	47	42	53	50	74	4	7	3.5	1 055	2 120
质量比: 硅藻土$																			
0.11	3.90	1.19	1.0	135	187	12	12.5	140	140	63	57	73	69	73	6	20#	1.2	585	1 035
0.25	5.00	1.54	1.0	141	161	11	12	133	135	73	69	81	77	74	3+	21	1.1	235	495
0.43	5.70	1.87	1.0	134	175	11	12	140	145	72	69	86	81	74	5+	24	0.7	150	485
0.67	7.10	2.37	1.0	134	203	11	12.5	135	150	75	71	87	78	75	3+	24	0.4	120	410
1.00	9.00	3.18	1.0	125	170	11	12	120	140	72	72	77	84	72	6+	19#	0.4	55	235
质量比: 粉煤灰$																			
0.11	3.10	0.88	1.0	134	174	12	12.5	150	160	60	53	67	60	73	6	21#	1.5	1 195	2 210
0.25	3.80	1.07	1.0	131	180	12	13	160	165	55	57	65	61	74	2+	17#	1.7	960	1 720
0.43	4.30	1.16	1.0	131	172	12	12.5	165	170	55	59	68	63	72	6+	20#	1.6	800	1 270
0.67	3.40	1.35	1.0	131	175	12	12.5	155	160	60	55	67	62	74	3+	17#	1.4	570	855
1.00	6.50	1.62	1.0	131	176	12	13	160	165	59	54	63	61	73	7+	26	1.3	435	715

续附表 D-2

过100号筛的细砂(%)	质量比			稠度				管路压力 lb/in²		泵速 每分钟冲程		流量 ft³/h		浆液温度 °F	凝固时间 h		泌水 (%)	抗压强度 lb/in²	
	砂	水	水泥	扭矩(°)		流量锥(s)									初凝	终凝		7 d	28 d
				前*	后*	前*	后*	前*	后*	前*	后*	前*	后*						
质量比: 浮石粉$																			
0.11	3.10	0.94	1.0	136	176	12	12	142	146	61	53	64	61	75	3+	17#	1.8	1 095	1 965
0.25	3.80	1.11	1.0	136	171	12	13	142	140	64	55	62	61	70	6	223	2.3	715	1 260
0.43	4.30	1.27	1.0	145	173	12.5	13	152	148	56	52	61	57	73	3+	65#	2.3	600	1 080
0.67	5.40	1.67	1.0	125	159	12	13	138	133	60	58	64	66	72	6	18	1.5	275	575
1.00	6.50	2.04	1.0	132	177	12	13	135	115	56	53	60	57	71	3+	26	1.9	170	380
质量比: 黄土$																			
0.11	2.80	0.88	1.0	129	172	11	12	135	145	72	68	75	75	76	5+	18#	1.3	1 300	2 355
0.25	3.40	1.04	1.0	140	203	12	13	155	155	69	59	74	64	72	5	20#	1.4	845	1 610
0.43	4.30	1.34	1.0	128	167	11.5	12	137	150	65	69	68	78	74	3+	17#	1.7	400	765
0.67	5.00	1.52	1.0	135	180	11.5	12	147	152	75	66	73	74	75	3+	18#	1.6	385	665
1.00	6.00	1.86	1.0	133	203	12	12.5	148	147	72	69	83	71	75	2+	50#	1.2	255	410

注: * 泵入中断 15 min 前或后;
+ 表中所示时间之后的凝固;
# 表中所示时间之前的凝固;
$ 所用的砂名义上不含过 100 号筛的细粒。

附表 D-3 浆液泵入和室内试验资料

砂	过100号筛的细砂的(%)	质量比 砂	水	水泥	稠度 扭矩(°) 前*	后*	流量锥(s) 前*	后*	管路压力 lb/in² 前*	后*	泵速 每分钟冲程 前*	后*	流量 ft³/h 前*	后*	浆液温度 °F	凝固时间 h 初凝	终凝	泌水(%)	抗压强度 lb/in² 7d	28d
A	0	1.75	0.66	1.0	125	159	12.1	12.3	137	148	60	44	59	51	70	6 * *	17+	0.9	1 795	3 780
B	10	3.25	1.08	1.0	133	159	12.2	12.7	137	143	55	51	51	56	73	7 * *	18	1.3	660	1 405
C	25	7.00	1.95	1.0	132	155	12.3	12.3	153	155	56	54	66	666	71	7 * *	70+	1.7	160	340
	质量比: 粉煤灰$																			
A	0.11	1.90	0.73	1.0	126	150	12.0	12.4	133	135	56	50	64	59	73	6 * *	16+	0.9	1 650	3 370
A	0.25	2.50	0.8	1.0	126	155	12.0	12.2	137	142	54	55	62	59	76	5 * *	18+	0.3	1 200	2 590
A	0.43	3.20	1.08	1.0	130	157	11.8	12.3	140	142	53	51	64	59	75	5 * *	17	0.8	880	2 095
A	0.67	3.80	1.21	1.0	129	156	12.1	12.3	140	142	54	51	62	69	78	6 * *	18	0.7	795	1 990
A	1.00	5.00	1.58	1.0	126	145	12.0	12.3	140	143	56	56	68	65	78	7 * *	24	0.9	595	1 385
	质量比: 黄土$																			
A	0.11	1.90	0.74	1.0	131	161	11.8	12.2	140	140	59	52	64	56	77	5	19	0.8	1 595	3 000
A	0.25	2.50	0.92	1.0	131	162	12.1	12.7	140	143	51	45	61	56	70	7 * *	18+	1.0	985	1 545
A	0.43	2.90	1.05	1.0	141	177	12.2	13.0	140	145	53	47	63	57	71	6.5	17+	0.9	735	1 330
A	0.67	3.80	1.35	1.0	131	174	11.9	12.7	138	143	51	45	61	55	72	7 * *	23	1.1	445	845
A	1.00	4.50	1.62	1.0	129	178	11.6	12.4	140	147	55	50	65	60	77	6 * *	21	1.0	265	535

续附表 D-3

砂	过100号筛的细砂(%)	砂	水	水泥	扭矩(°) 前*	扭矩(°) 后*	流量锥(s) 前*	流量锥(s) 后*	管路压力 lb/in² 前*	管路压力 lb/in² 后*	泵速 每分钟冲程 前*	泵速 每分钟冲程 后*	流量 ft³/h 前*	流量 ft³/h 后*	浆液温度 °F	凝固时间 h 初凝	凝固时间 h 终凝	泌水(%)	抗压强度 lb/in² 7 d	抗压强度 lb/in² 28 d
A	0	1.75	0.68	1.0	129	146	12.0	12.3	143	143	52	49	64	62	72	5	16+	1.8	2 020	4 565
B	10	2.00	0.72	1.0	133	158	12.4	12.9	150	157	55	49	60	58	73	6	21+	1.6	1 315	3 180
C	25	2.25	0.83	1.0	130	168	12.3	12.9	155	157	53	45	64	56	75	6	17+	2.1	1 265	2 830

暗色岩

质量比: 粉煤灰$

砂	质量比:粉煤灰$	砂	水	水泥	扭矩(°) 前*	扭矩(°) 后*	流量锥(s) 前*	流量锥(s) 后*	管路压力 lb/in² 前*	管路压力 lb/in² 后*	泵速 每分钟冲程 前*	泵速 每分钟冲程 后*	流量 ft³/h 前*	流量 ft³/h 后*	浆液温度 °F	凝固时间 h 初凝	凝固时间 h 终凝	泌水(%)	抗压强度 lb/in² 7 d	抗压强度 lb/in² 28 d
A	0.11	1.94	0.73	1.0	128	150	12.2	12.7	152	152	57	53	62	58	73	4**	16+	1.5	1 435	3 420
A	0.25	2.50	0.90	1.0	130	149	12.3	12.7	158	157	59	54	70	67	75	7**	21+	2.2	1 230	2 405
A	0.43	2.90	1.03	1.0	136	151	12.3	12.6	152	153	56	54	66	65	74	6**	17+	1.6	1 065	2 190
A	0.67	3.80	1.24	1.0	142	163	12.3	12.9	155	158	54	52	67	64	73	7**	19	2.2	795	1 770
A	1.00	4.50	1.49	1.0	132	157	12.3	12.9	153	153	56	51	69	61	74	7**	22+	1.4	710	1 450

注: * 泵入中断 15 min 前或后；
** 表中所示时间之后的凝固；
+ 表中所示时间之前的凝固；
$ 所用的砂名义上不含过 100 号筛的细粒。

附表 D-4 浆液泵入和室内试验资料

砂	过100号筛的细砂（%）	质量比 砂	质量比 水	质量比 水泥	稠度 扭矩（°）前*	稠度 扭矩（°）后*	稠度 流量锥（s）前*	稠度 流量锥（s）后*	管路压力 lb/in² 前*	管路压力 lb/in² 后*	泵速 每分钟冲程 前*	泵速 每分钟冲程 后*	流量 ft³/h 前*	流量 ft³/h 后*	浆液温度 °F	凝固时间 h 初凝	凝固时间 h 终凝	泌水（%）	抗压强度 lb/in² 7 d	抗压强度 lb/in² 28 d
	质量比：粉煤灰**																			
B	0.11	3.00	1.03	1.0	133	144	12.4	12.6	135	140	54	50	65	63	74	5	21++	1.5	1 025	1 775
B	0.25	3.75	1.18	1.0	124	149	12.4	12.5	135	140	59	53	66	64	75	4	20++	1.1	800	1 515
B	0.43	5.00	1.51	1.0	129	158	14.4	14.5	135	140	59	47	68	64	77	4	20++	1.7	435	925
B	0.67	6.25	1.83	1.0	124	155	14.2	14.5	135	140	57	55	72	70	78	4	20++	1.4	360	840
B	1.00	7.00	2.02	1.0	138	156	14.6	15.5	140	140	57	57	70	71	78	4	23	1.5	345	820
B	1.50	7.50	2.10		132	149	13.7	14.3	140	140	55	55	66	66	79	3	23	0.3	440	1 025
	灰岩人工砂，叶板式搅拌机																			
	质量比：硅藻土**																			
B	0.11	4.50	1.54	1.0	136	149	12.3	12.4	135	140	63	62	72	74	73	4	19++	1.7	355	805
B	0.25	5.00	1.93	1.0	140	158	12.3	13.0	135	140	63	60	77	76	70	4	32++	1.1	200	625
B	0.43	7.25	2.44	1.0	140	172	12.8	12.5	135	140	63	65	70	70	70	4	37++	0.9	120	395
B	0.67	9.25	3.18	1.0	135	180	12.0	12.4	140	140	66	63	78	78	71	3	32++	0.7	80	330
B	1.00	12.00	4.17	1.0	135	180	11.9	12.7	138	138	66	64	80	78	74	3	82++	0.6	75	255

续附表 D-4

砂	过100号筛的细砂(%)	质量比			稠度				管路压力 lb/in²		泵速 每分钟冲程		流量 ft³/h		浆液温度 ℉	凝固时间 h		泌水 (%)	抗压强度 lb/in²	
		砂	水	水泥	扭矩(°)		流量锥(s)									初凝	终凝		7 d	28 d
					前*	后*	前*	后*	前*	后*	前*	后*	前*	后*						
天然砂,混凝土搅拌机																				
A	0	2.00	0.68	1.0	132	161	12.2	13.0	150	163	64	55	74	65	88	3	9++	1.4	2 095	4 115
B	10	3.00	0.90	1.0	133	168	12.3	13.8	160	160	59	50	72	66	90	2	17++	1.9	1 310	2 625
C	25	3.50	1.00	1.0	132	165	12.5	14	160	160	49	45	67	62	86	2	18++	4.1	890	1 910
灰岩人工砂,混凝土搅拌机																				
B	10	3.25	1.1	1.0	133	172	12.9	13.3	160	160	61	55	71	68	86	1	17++	2.0	985	1 650
暗色岩人工砂,混凝土搅拌机																				
B	10	2.00	0.82	1.0	125	168	12.0	12.7	160	160	64	61	71	71	89	4	9++	1.3	1 460	2 765

注:* 泵入中断15 min 前或后;
** 所用的砂名义上不含过 100 号筛的细粒;
+ 表中所示时间之后的凝固;
++ 表中所示时间之前的凝固。

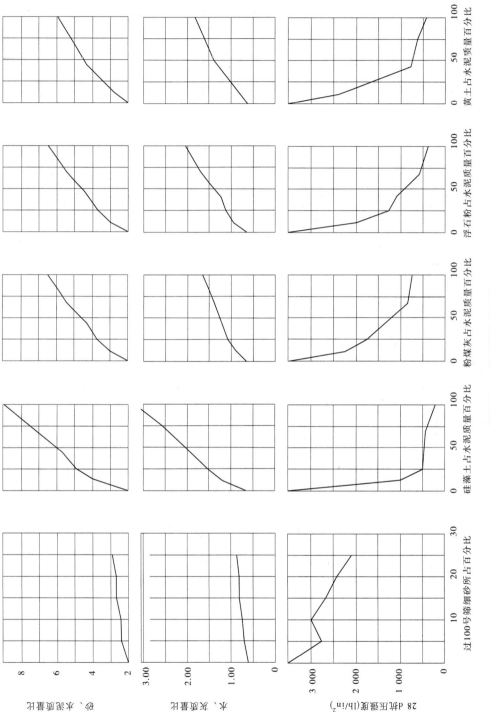

附图 D-1　浆液拌和物特性

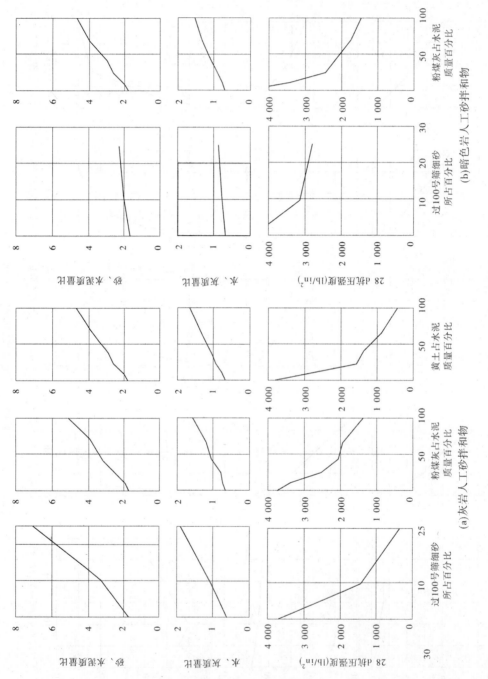

附图 D-2　浆液抗压强度、水灰比和细砂率